最基礎！刺繡針法必學*100*

CONTENTS

封面的圖案在第72頁。

關於本書的監修

刺繡在各個國家都有一段悠長的歷史。在不同的國家，各個時代，刺繡都是生活裡不可或缺的事物，一種裝飾性的物品，即使形式已經改變，仍然流傳至今。隨著素材與環境的不同，也有許多不同的手法。針法也十分多樣化，我們常常可以聽到某某繡或某某針法。同一種針法，它的名稱也會隨著不同的國家，或不同的書本有所不同。與其認為它們是錯誤的名稱，不如說它們在不同的書本當中，有不同的說法。

這次很榮幸有機會監修本書，為了這次的監修，我重新閱讀了許多前輩的書籍、外國書籍、雜誌等等，我仔細地看了不少與刺繡有關的資料。只要是我認為值得參考的部分，我自己也會試著繡這些針法。一邊刺繡一邊想著這個針法適合用在什麼樣的圖案，這個過程也讓我得到許多的收獲。

只用一種針法來刺繡，也可以完成一件作品。如果再加上別的針法，可以增加作品的深度。因此，才會孕育出許多不同的針法。然而，並不是用了許多針法就一定是好的，如何適時適度地運用針法才是刺繡的意義所在。我自己在刺繡作品的時候，也沒有硬性規定自己一定要怎麼做，反而在錯誤或失敗中發明許多新的針法。即使是相同的針法，只要在不一樣的地方落針，也許就會得到新的領悟。只要這麼想，刺繡就是一件很愉快的事情。

學會幾種適合自己的針法，然後先試著運用這些針法吧。用這些基礎的針法，繡一些當範本也是一件愉快的作業。只要繡下一針，刺繡的世界就會更加寬廣。希望這個世界上能有愈來愈多的刺繡愛好者。

小倉ゆき子

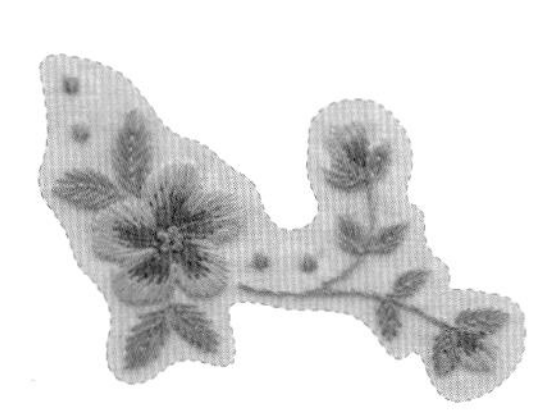

繡線

刺繡用的線有各種不同的種類，請依照設計、用途、適合布料、圖案來選擇合適的繡線吧。一般最常用的是25號繡線和5號繡線。當手頭上已經有許多不同顏色的繡線時，要注意不同廠牌的色號都不一樣，購買的時候要多加注意。除了本書所介紹的線之外，還有加了金蔥的線、編織用的線、織錦羊毛（低捻的並太毛線）、拼布用線、津輕的小巾刺繡用線等等，不管是哪一種線都可以用來刺繡。

25號繡線

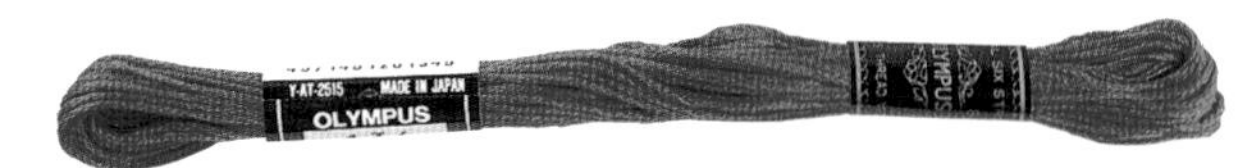

最常用的線。由6條細線鬆鬆地擰成一條線。視布料的厚度與針法，有時候分為2股線、3股線來運用。此外，也可以直接使用6股線。一綑的長度為8公尺。

5號繡線

低捻的粗線。使用時，剪下所需的長度直接使用。一綑的長度為25公尺。

繡線（實物大）

25號繡線 6股線

25號繡線 3股線

25號繡線 2股線

25號繡線 1股線

5號繡線

刺繡用緞帶

種類、寬度、色彩十分豐富。不同的種類，成品的印象也不一樣，不同的寬度，呈現的量感也不同。要選擇哪一種緞帶則視圖案與布料而定。當緞帶太寬的時候，可能無法穿過布料，請先試繡之後再開始製作。

繡線（實物大）

7mm寬

3.5mm寬

3.5mm寬

串珠

串珠有各種不同的形狀與大小。想要在布上面繡串珠時，最好不要用太大的串珠。除了串珠原本的顏色之外，還可以使用透明的串珠，讓繡線透出來，使顏色的變化更豐富。

1 小圓串珠
2 三角珠
3 六角珠
4 管珠
5 亮片（壓紋）
6 亮片（平圓）
7 珍珠串珠

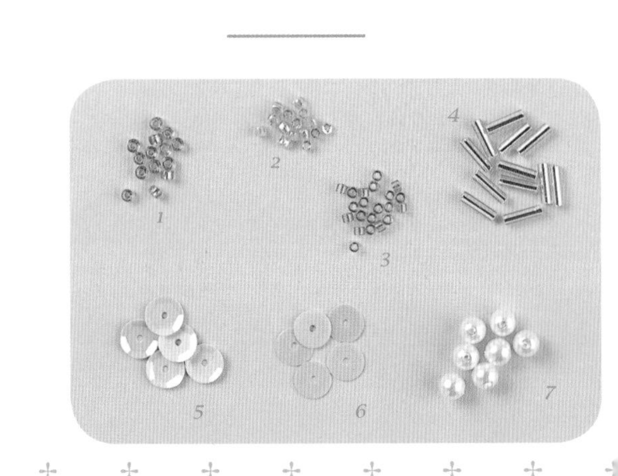

刺繡用布料

手邊現有的布料幾乎都可以用來刺繡，但是像麻或棉等等平織布比較好繡，處理起來也比較簡單。重要的是視作品的用途、刺繡的種類等等來選擇適合的布料。著手進行刺繡之前，請務必要試繡一下。使用的線與針的選擇也很重要。在手藝材料行都可以找到如照片這種刺繡專用的布料，請多加利用吧。此外，利用市售的手帕、餐巾、餐墊或圍裙，都可以輕鬆享受刺繡的樂趣。

Olympus刺繡布

木棉布 牛津布（2300）防縮加工　木棉布 刺繡專用布（6500）　麻布 Mezz

其他布料

床單布　波紋布　麻布

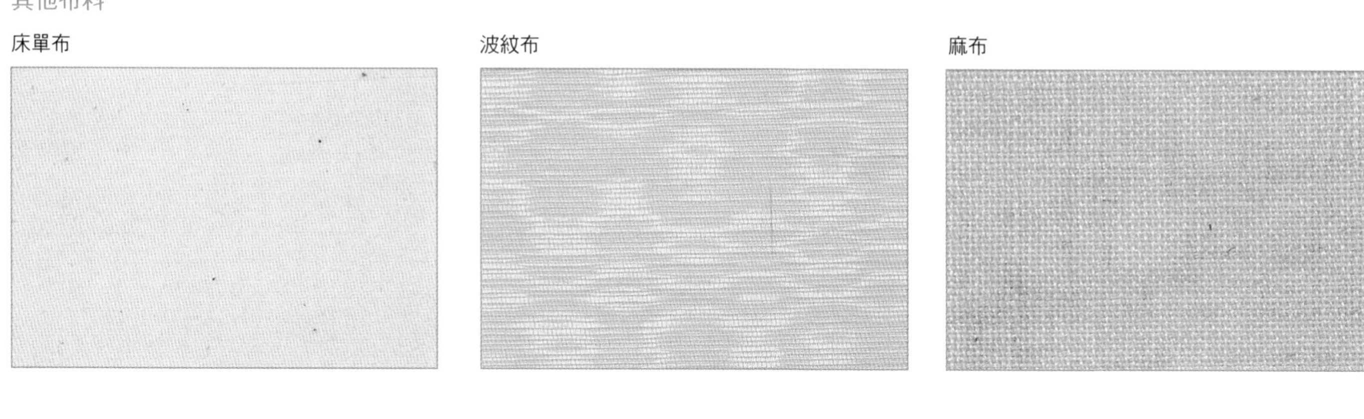

棉麻混紡

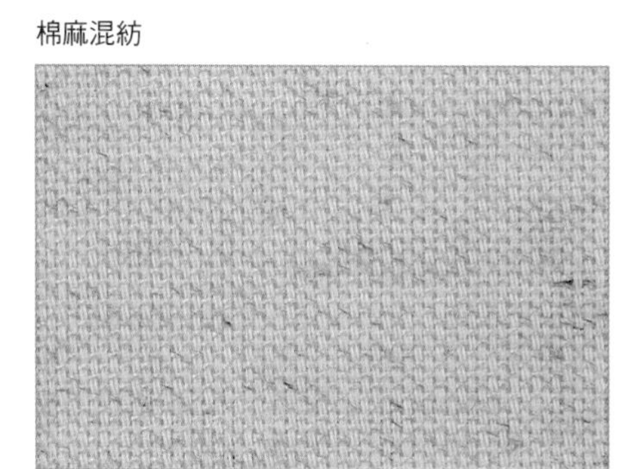

麻布

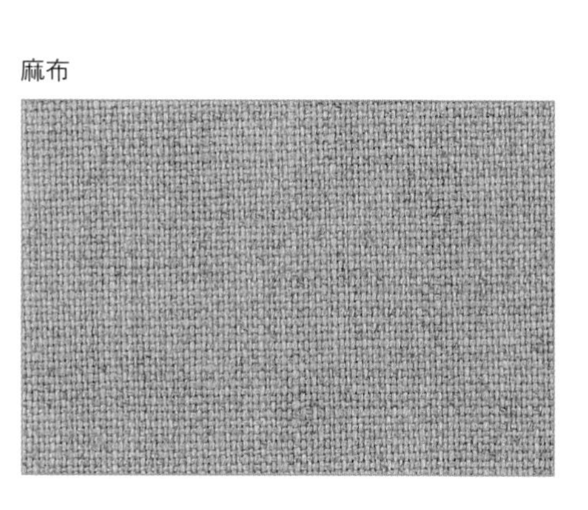

麻布

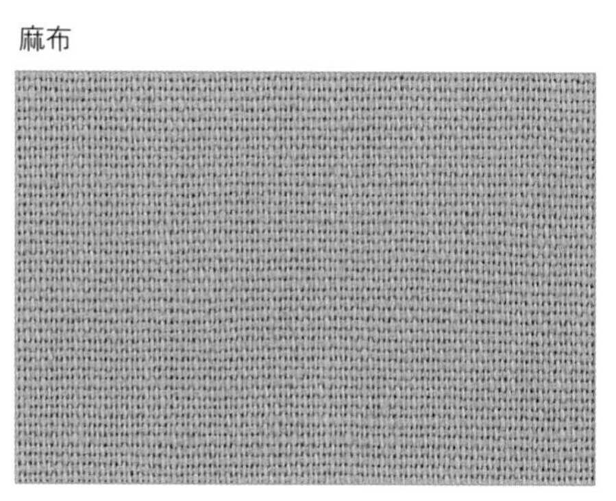

（照片為實物大）

用具

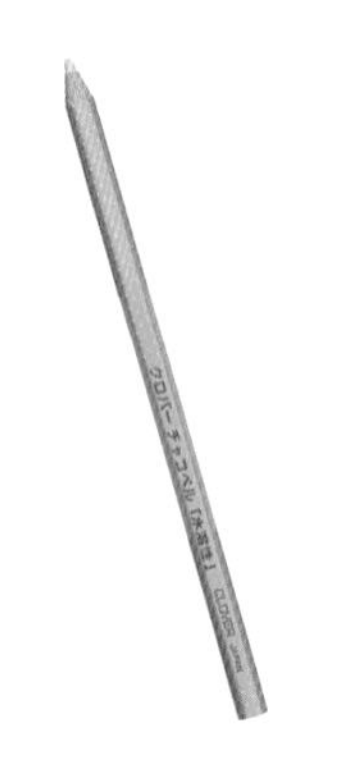

粉土筆 （水溶性）
鉛筆型的粉土。
用於將圖案畫在刺繡布上。

水性消失筆
用於將圖案畫在刺繡布上。
還有專用的擦拭筆。

水性消失筆 （白色）
最適合用於黑色或深色布料的白色麥克筆。白色的記號只要受熱或水洗就會消失。

記號筆
用於描繪圖案的時候。
請參閱第6頁。

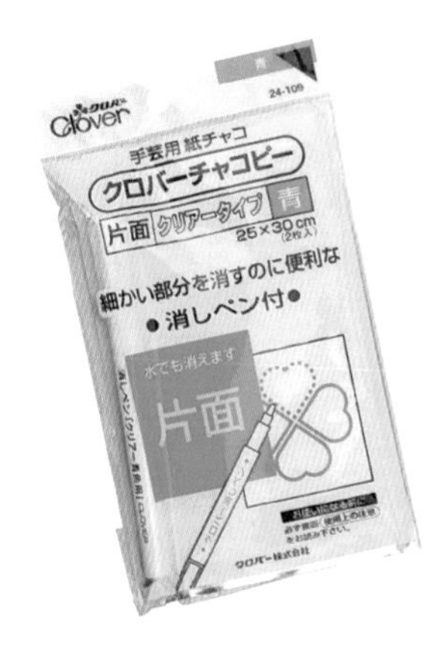

透明複寫紙
用於將圖案畫到布上的時候。
最好選用複寫面為單面，沾到水就會消失的產品。

刺繡針
請依布料與針法選擇適合的刺繡針。請參閱第5頁。

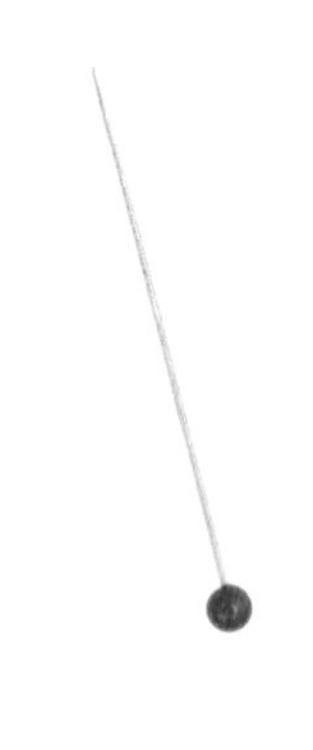

珠針
用於將圖案固定在布上。

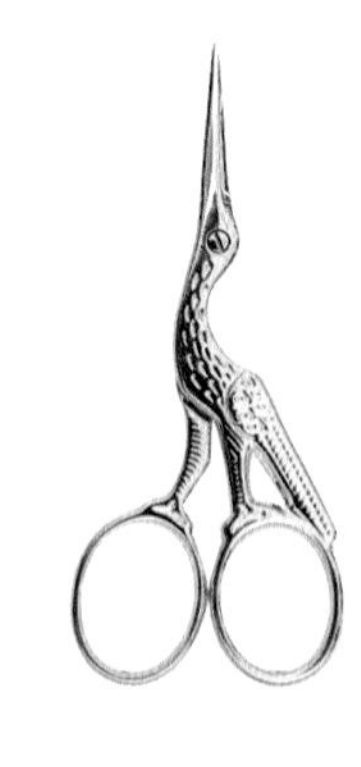

線剪
用來剪線。

鉛筆
（像 2H 一樣硬的鉛筆）
用於將圖案畫到描圖紙上。

描圖紙
用於描繪圖案紙、照片、書上的圖案時。

塑膠膜或是 OPP 膜的袋子
用於將圖案畫到布上時。也可以用衣服的包裝袋來代替。

刺繡針

刺繡針的針孔比一般的縫針大，穿線比較方便。針的號碼愈大，表示針愈細。請一定要試繡。試繡時，如果不太好繡，或是布料上的針孔十分明顯，表示粗細不合，必須改用別的針。選用適合線與布的針，是完成美麗刺繡的第一步。

法國刺繡針

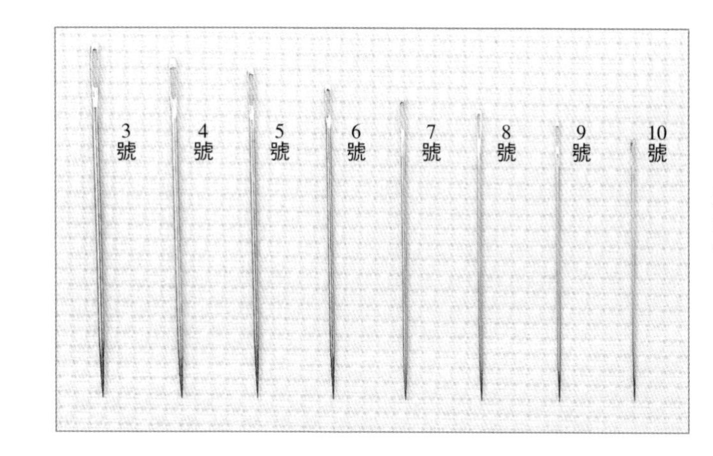

法國刺繡針的針頭較尖，容易穿過布料，繡起來相當漂亮。

緞帶刺繡針

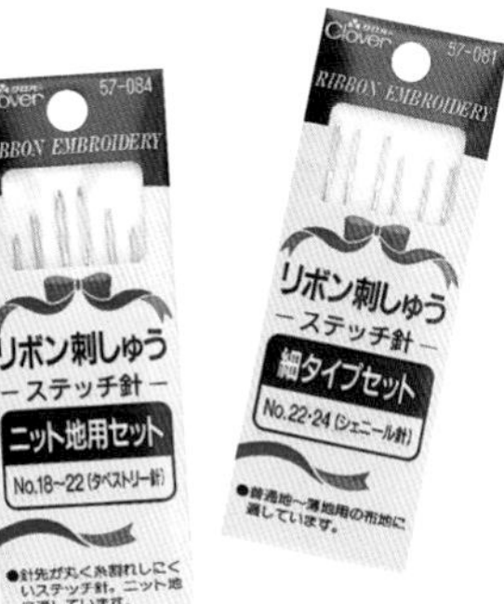

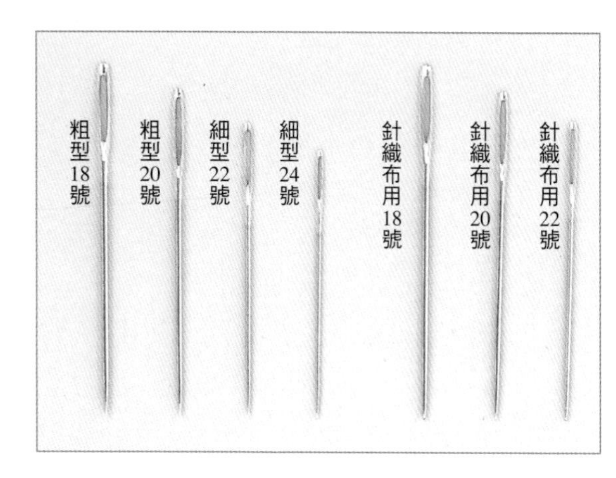

針織布用針的針頭是圓形的。

串珠刺繡針

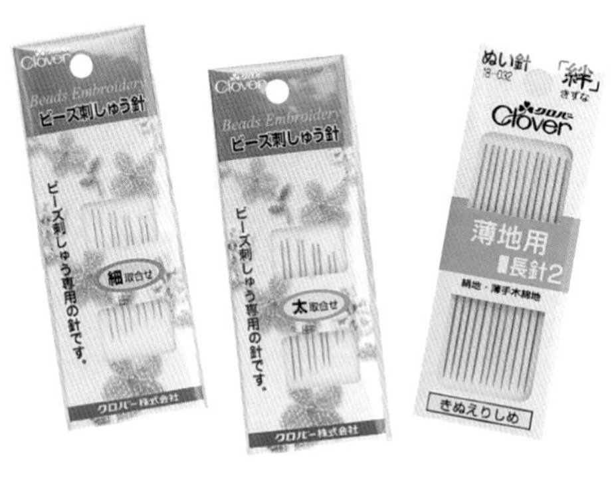

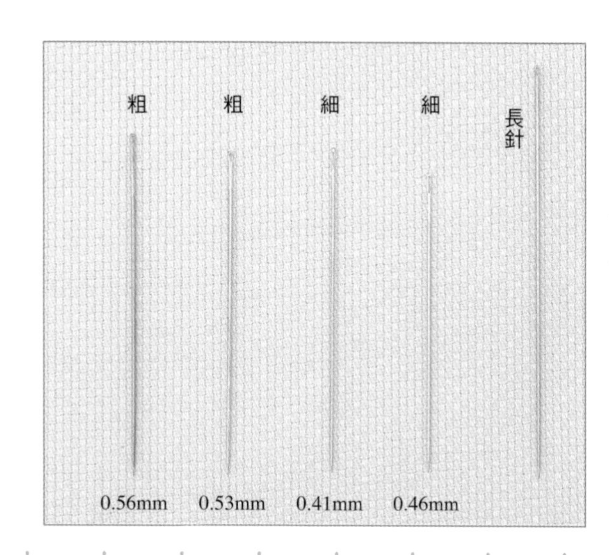

可以穿入小圓串珠。長針用起來比較方便。

描繪圖案的方法

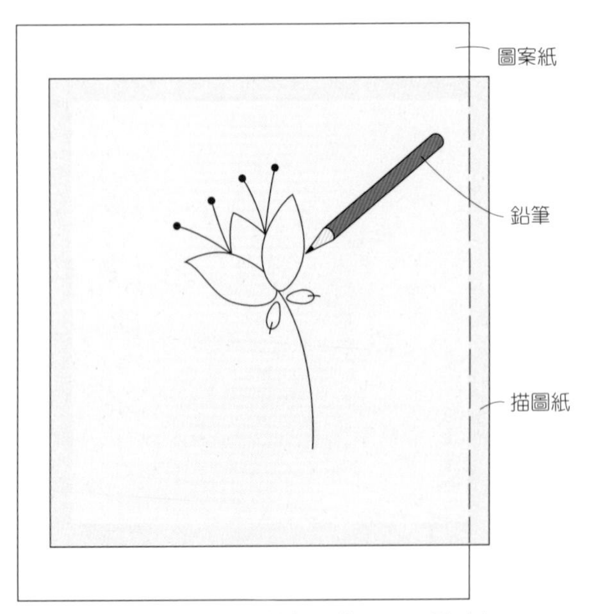

將實物大紙型畫在描圖紙上。使用硬一點（如2H）的鉛筆。使用顏色深的鉛筆時，鉛筆上的粉將會沾到手上，可能會弄髒布料。如果使用照片，則描繪輪廓線。想要將圖案放大、縮小時，可以利用影印機，這時請注意大小是否適合該圖案。

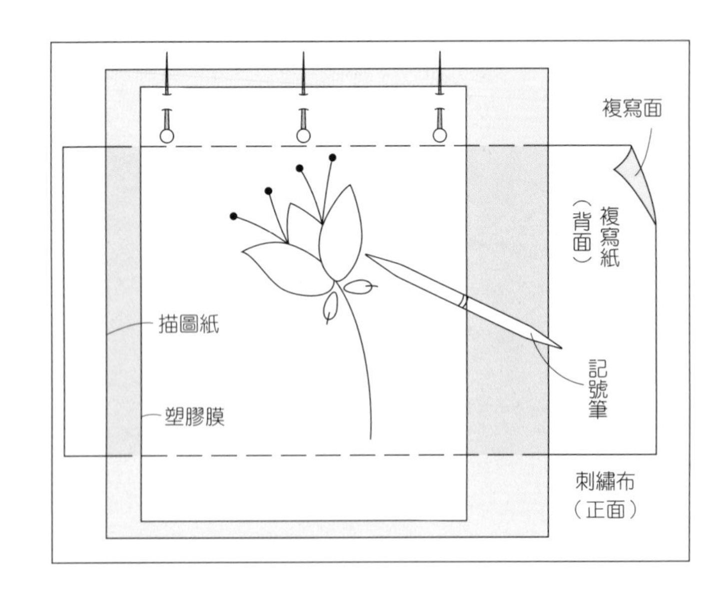

1 將刺繡布的正面朝上放置，決定刺繡的位置。
2 將複寫紙的複寫面（有複寫部分的那一面）朝下，放在想要刺繡的位置上。
3 疊上描繪圖案的描圖紙和塑膠膜，用珠針固定，以免移動。
4 用記號筆沿著圖案的線描繪。取下珠針之前，請先確認圖案是否已經畫完整。

25號繡線的處理方法

拉出繡線的方法

25號繡線將會露出一點線頭。從這個線頭拉出方便使用的長度（約50cm）後剪掉。請將標示色號的標籤留在上面。下次再購買的時候比較方便。

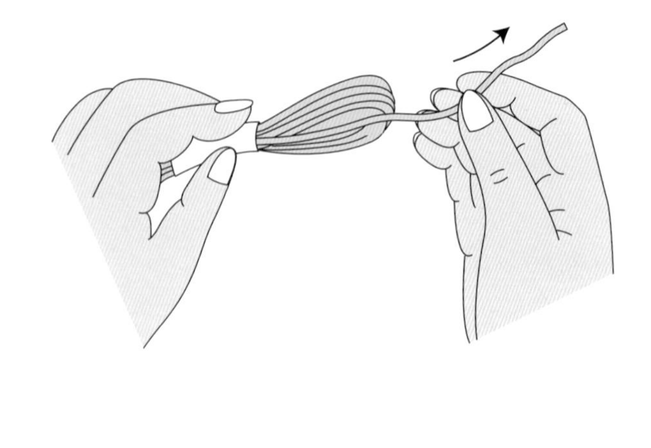

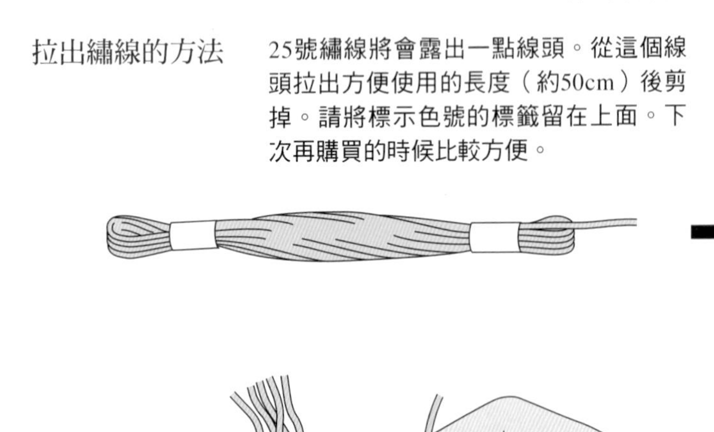

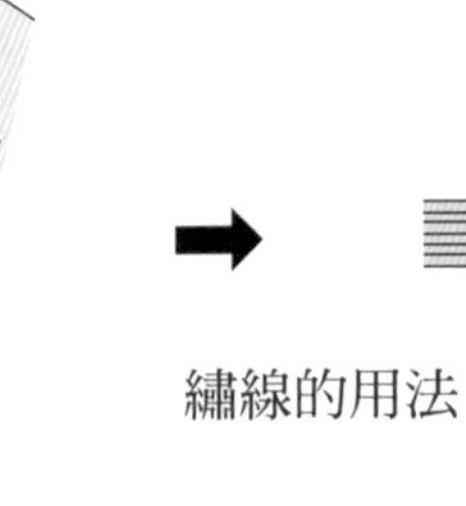

繡線的用法

由6條細線組合而成。刺繡時，請視布料、圖案等等，改變使用的線數。將細線一條一條拉出來，再將所需的線數合在一起，準備好再使用。

刺繡的繡法

不管有沒有使用刺繡框，都可以刺繡。需要繡一整面的針法，最好使用可以將布綳緊的刺繡框，完成的作品比較漂亮。需要挑布的針法，如果把布綳得太緊，反而不好繡。請盡量多挑戰一些作品，熟悉刺繡的手感。

基本的刺繡方法

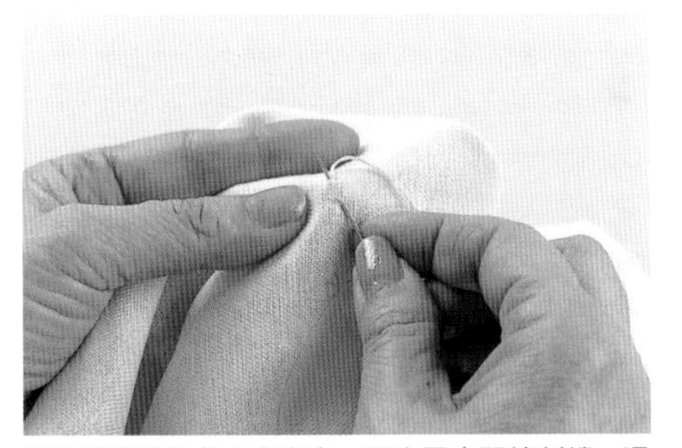

剛開始將線從背面穿出來，配合圖案開始刺繡。還不熟悉刺繡的人，可以先將線打結之後再繡，比較容易。

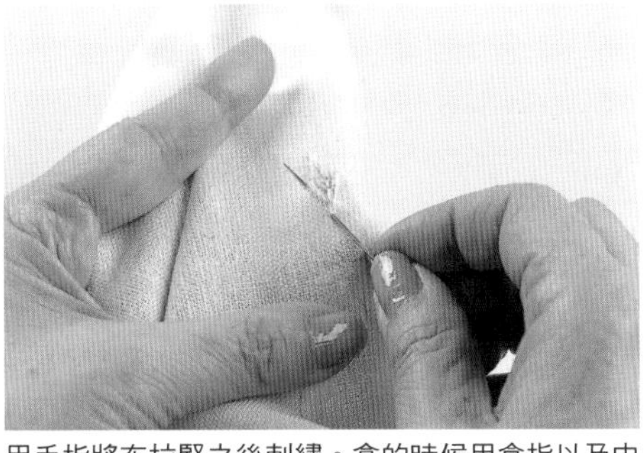

用手指將布拉緊之後刺繡。拿的時候用食指以及中指，無名指和小指將布夾緊。

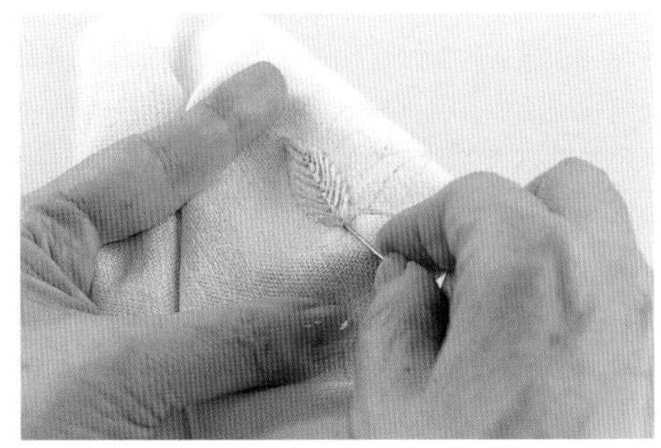

繡完之後將線穿到背面，處理線。請參閱第9頁。

將布平放著刺繡的方法

對於法式結粒繡這種固定式的繡線比較有效。
還不熟悉刺繡的人，用這個方法也比較簡單。

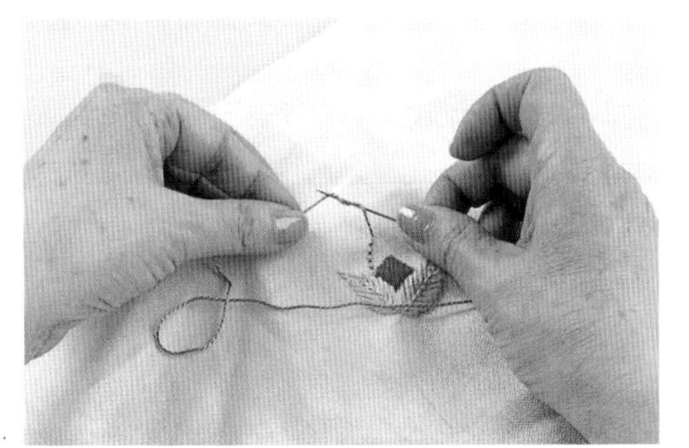

製作法式結粒繡。將線從背面拉出來，在針上繞所需的圈數。

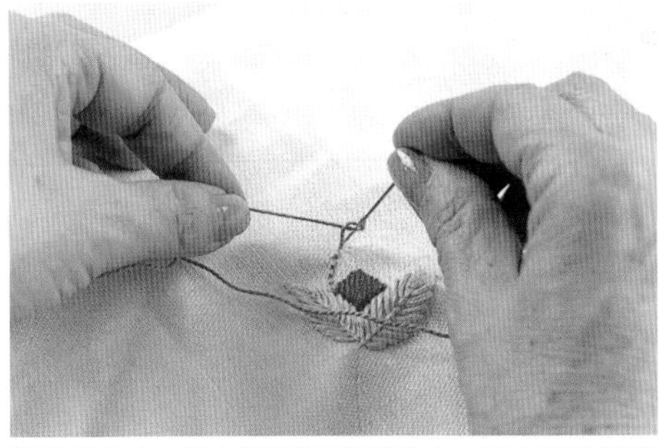

將線拉出來，將針穿進緊鄰的地方，用左手拉線整理形狀。

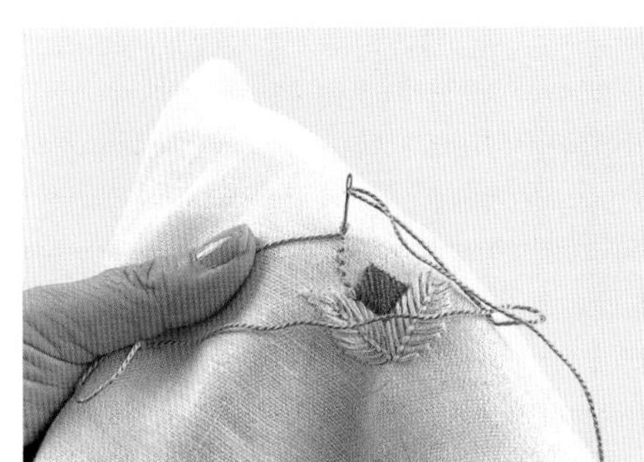

把針拉到背面。這個時候，要用左手壓住線。

使用刺繡框（圓框）的時候

對於緞面繡等平面繡比較有效。刺繡框有各種大小，請依圖案大小分別運用。

將外框的螺絲鬆開，取下內框，將布料蓋在內框上，再套上外框。將布料綳緊後再鎖緊螺絲。繡比較大的圖案時，要時常移動刺繡框。已經繡完的部分可以再加上襯布，以免發生刺繡脫鬆的意外。

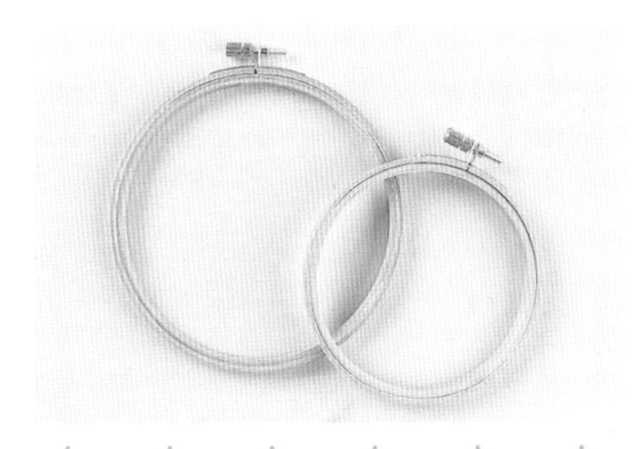

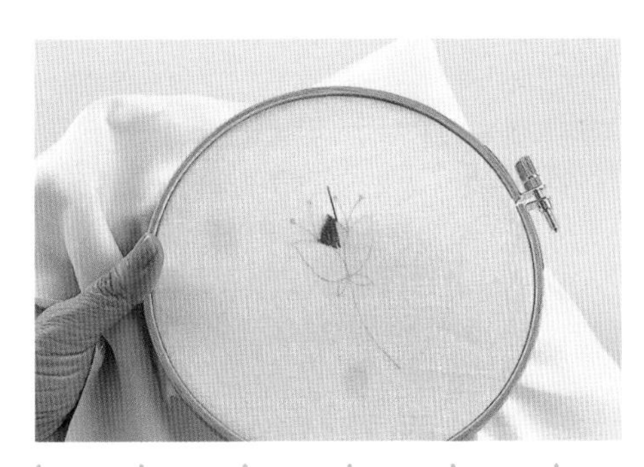

花的部分完成了

開始刺繡與結束刺繡

用線刺繡

穿線的方法

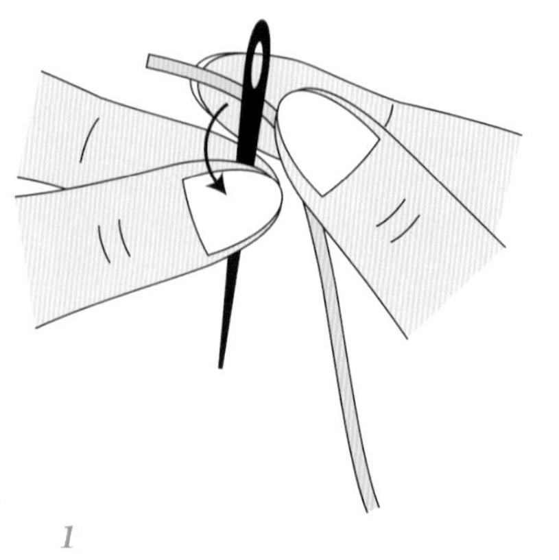

1
用左手拿針，右手拿線頭。將線壓在針頭處對折。

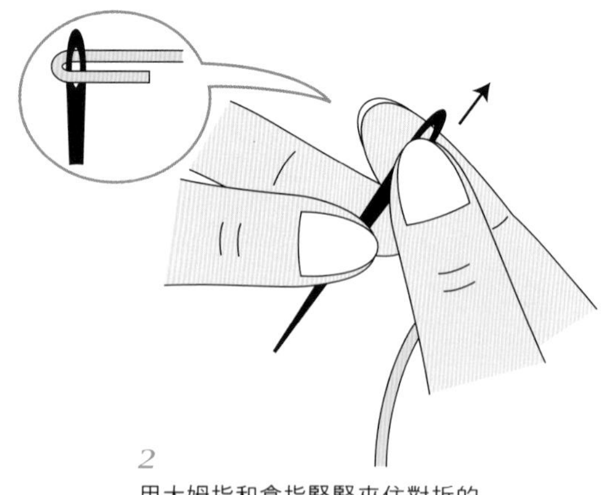

2
用大姆指和食指緊緊夾住對折的線，把針抽出來，使線留下折痕

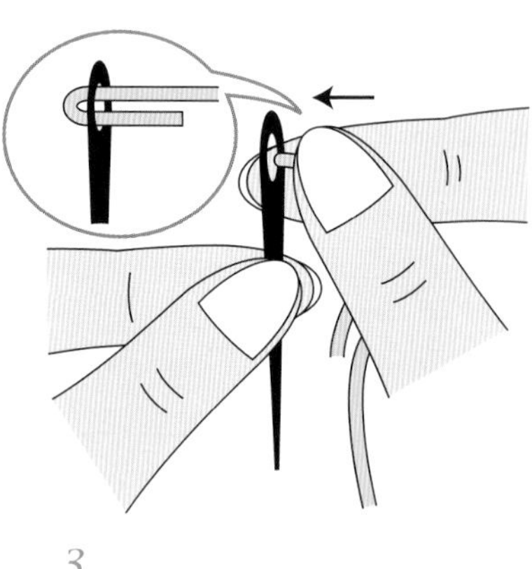

3
用手指夾住對折的線，將線湊近針孔，穿到針孔裡。

使用穿線器

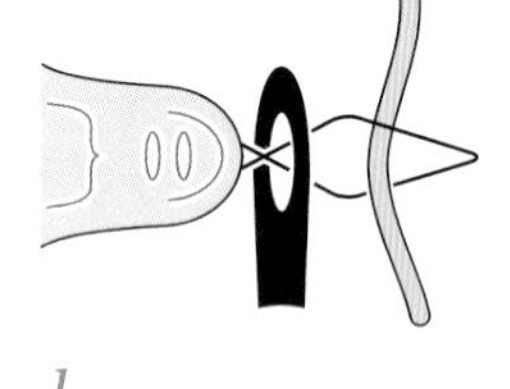

1
將穿線器的鐵絲部分穿進針孔，將線穿進鐵絲的圈圈裡。

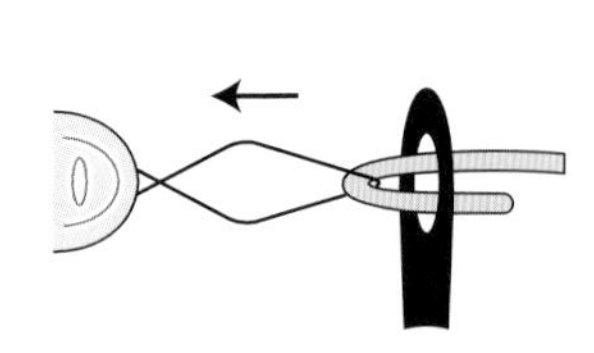

2
直接把穿線器拉出來。不管是從右邊還是從左邊都可以穿線。

結頭的做法

在習慣刺繡之前，最好先打一個結再刺繡。結頭的大小至少不能從布面鬆脫。只要可以打出一個結即可，不一定要用這種方法。

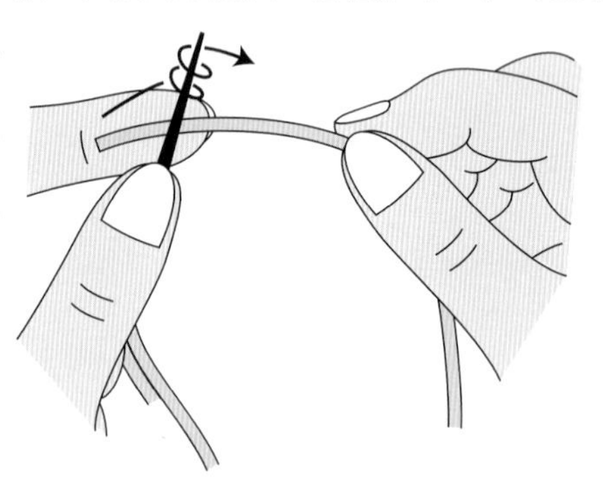

1
如圖所示拿取線和針。 用左手的食指和針將線頭壓緊。

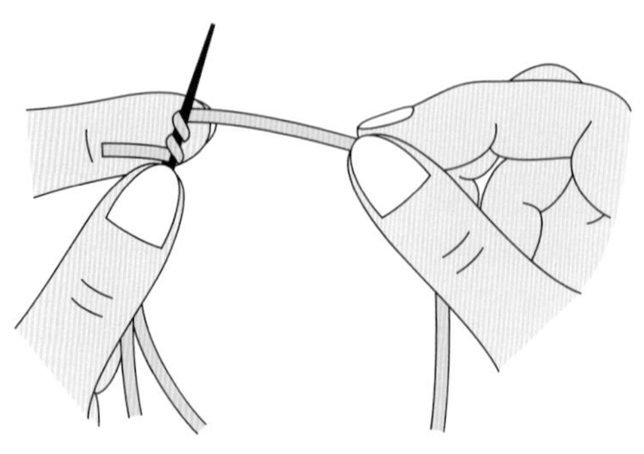

2
用線在針上繞2~3圈。

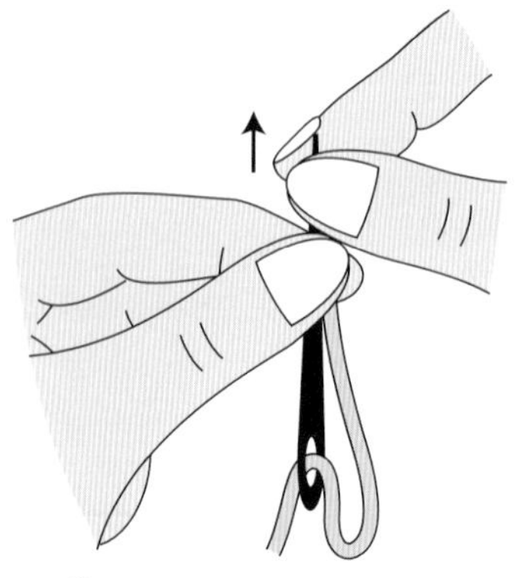

3
用兩根手指把線壓緊，將針抽出來。

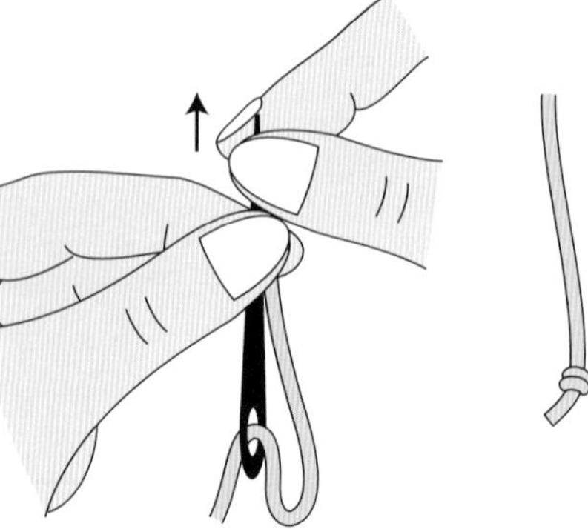

4
完成了。

中途換線的方法

刺繡時要讓針法看起來保持連貫。先把繡完的線鬆鬆地拉到背面，再用新的線開始刺繡。接下來將背面的線拉緊，使大小一致，再處理線。

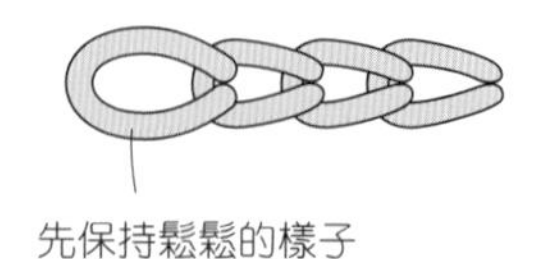

先保持鬆鬆的樣子

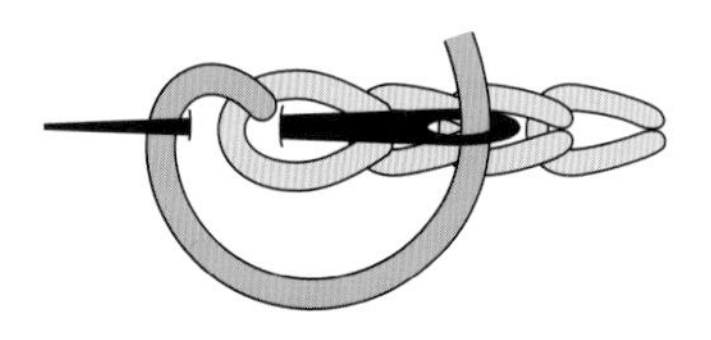

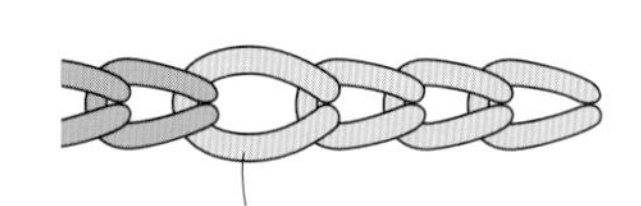

將線拉緊，整理成漂亮的形狀

線形刺繡完成時的處理

這是不做結頭的處理方法。將線穿到布的背面，穿過刺繡的拉線約2~3cm再把線剪掉。只挑線的部分。開始刺繡也是用一樣的方法。

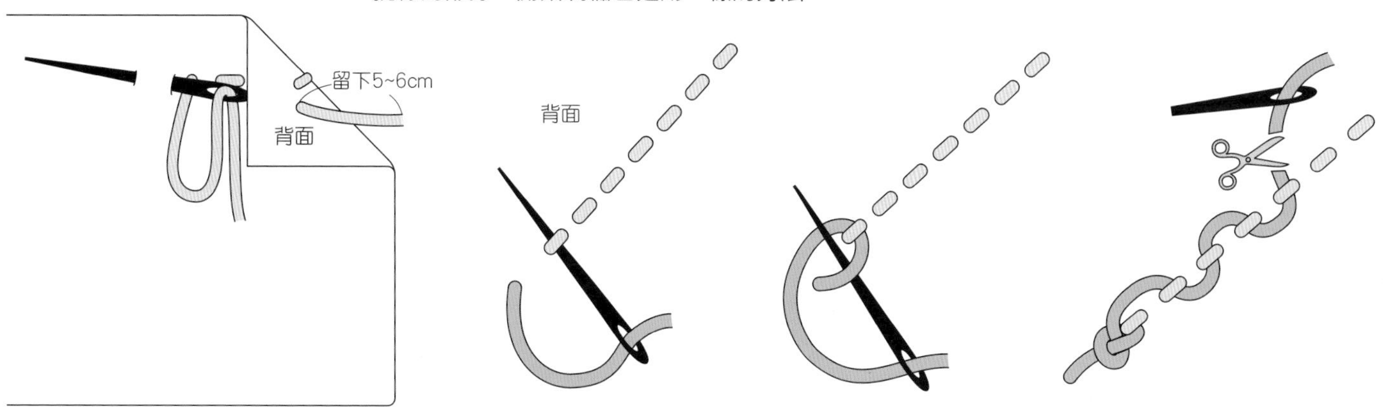

平面繡完成時的處理

這是不做結頭的處理方法。在填滿圖案之前，先做平針繡。繡完之後，挑起背面的繡線，約做2次回針縫。開始刺繡也是用一樣的方法。

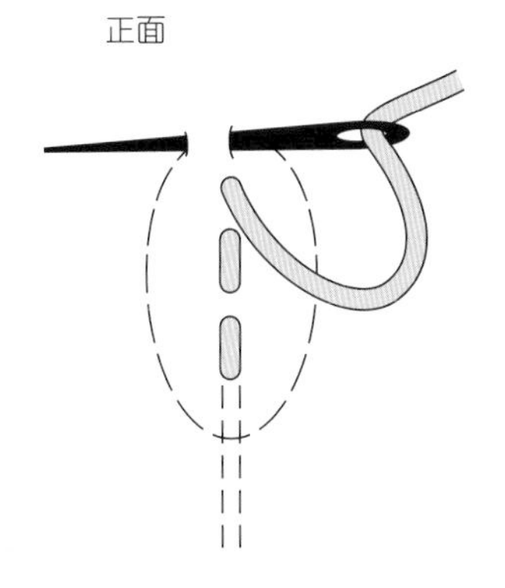

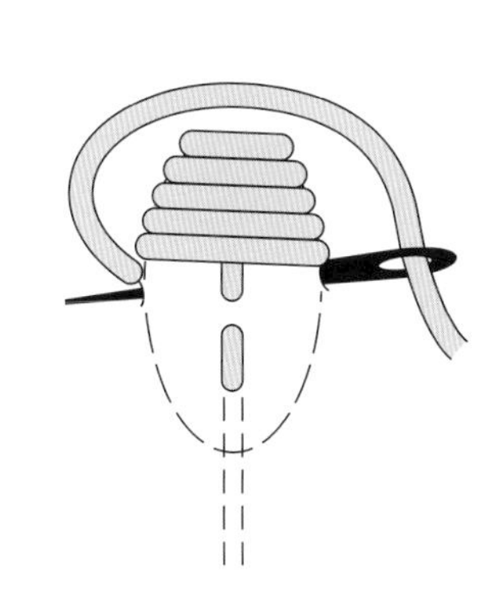

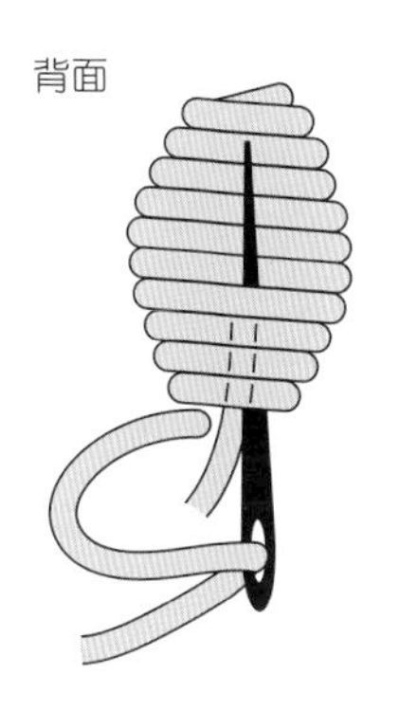

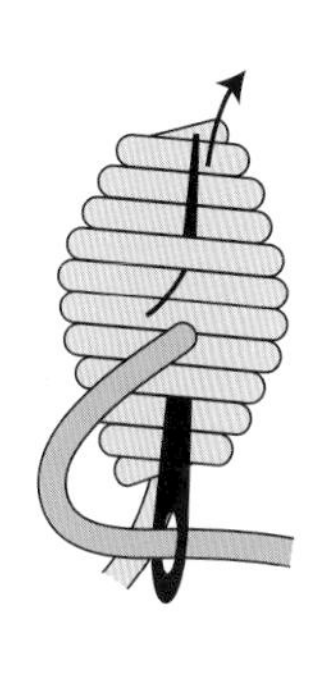

串珠刺繡

開始刺繡

先做一個結頭，將針從背面拉出來，在正面穿進串珠。再將線穿到背面時，將針穿進背面的2條線之間，這樣比較牢固。

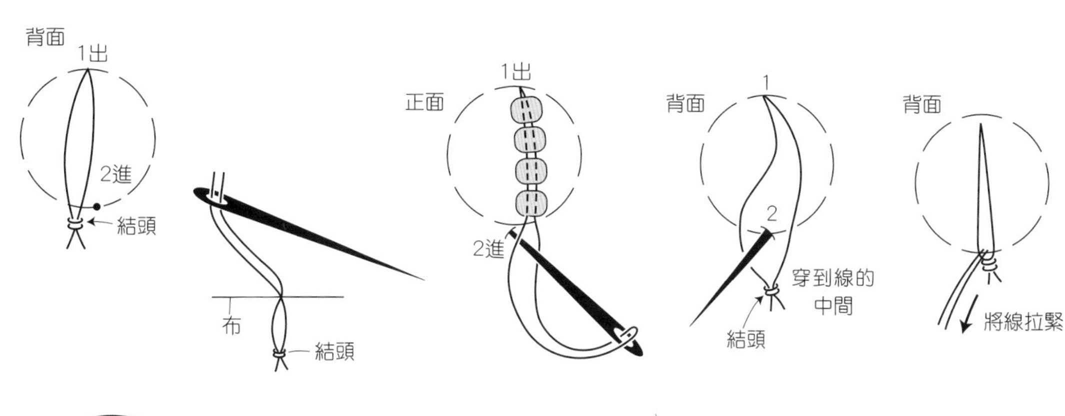

結束刺繡

刺繡結束時，在背面打結固定。將線繞在已經好的線上面再剪斷。如果已經打好結了，不需要用這個方法也無所謂。

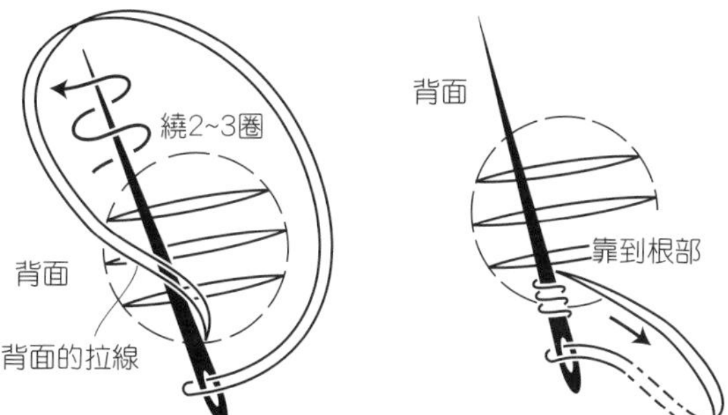

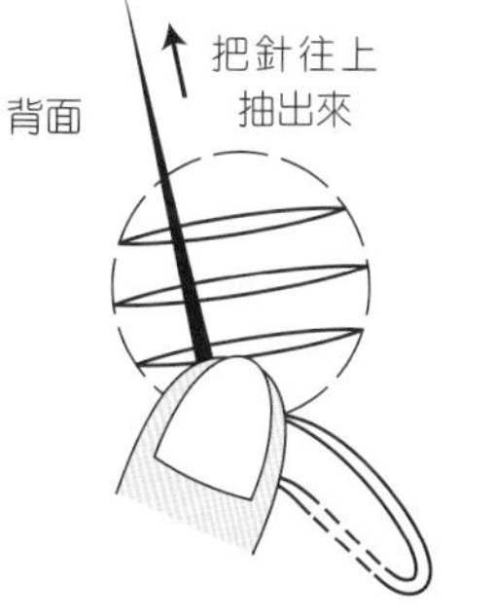

緞帶刺繡

把緞帶穿進針裡

並不是每一種緞帶都可以用這種穿法，只有比較柔軟的緞帶可以用這個方法。緞帶不容易從針孔穿出，比較好繡。

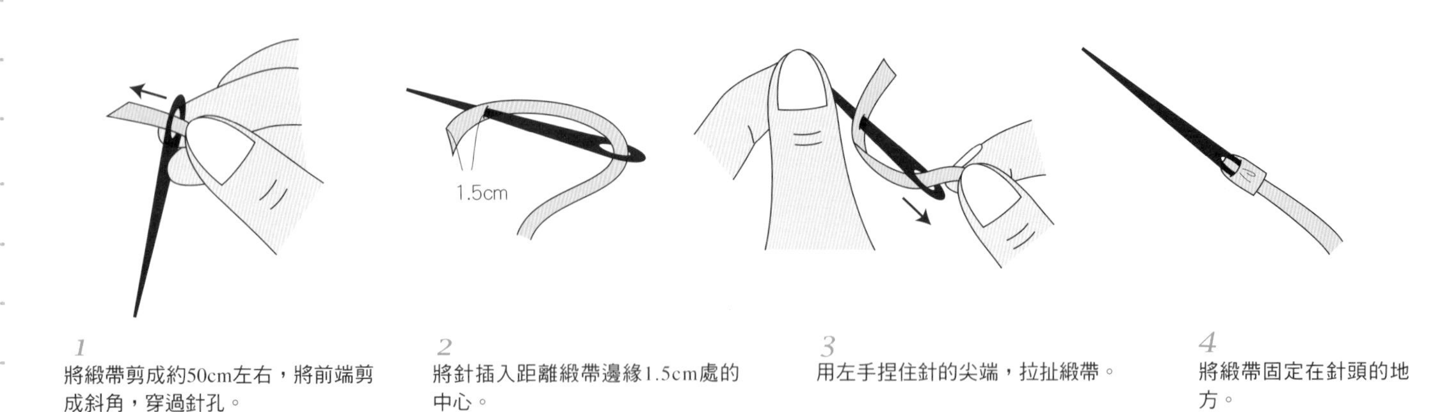

1 將緞帶剪成約50cm左右，將前端剪成斜角，穿過針孔。

2 將針插入距離緞帶邊緣1.5cm處的中心。

3 用左手捏住針的尖端，拉扯緞帶。

4 將緞帶固定在針頭的地方。

製作結頭

不一定要用這個方法。只要能打結就OK。

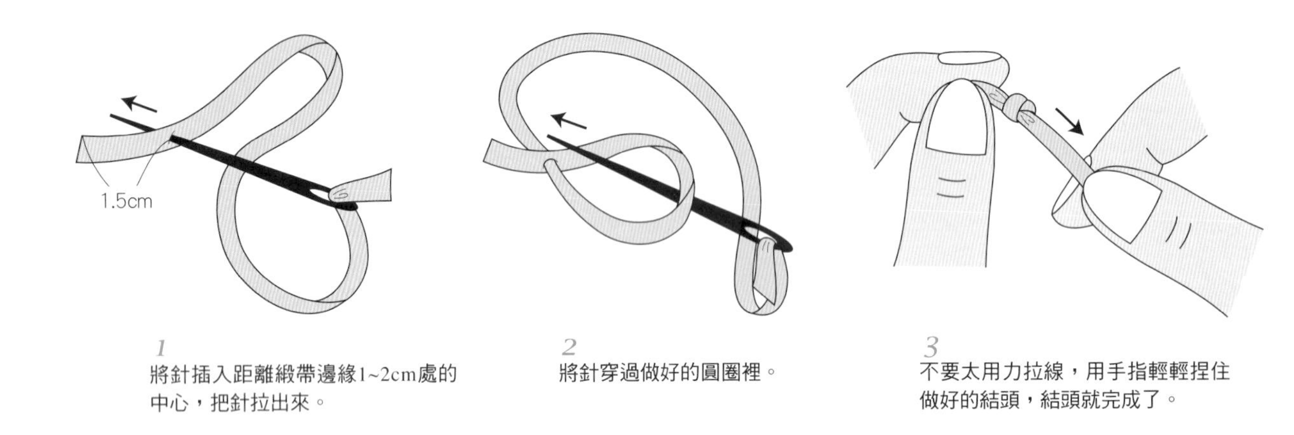

1 將針插入距離緞帶邊緣1~2cm處的中心，把針拉出來。

2 將針穿過做好的圓圈裡。

3 不要太用力拉線，用手指輕輕捏住做好的結頭，結頭就完成了。

開始刺繡

製作結頭之後將針從1拉出來，在背面留下1.5~2cm的緞帶，把針從2的地方插進去。針要穿進留在背面的緞帶裡。

結束刺繡

將針穿到背面，用緞帶捲針並打一個結。將緞帶穿進已經繡好的緞帶裡，大約5cm左右再剪掉。

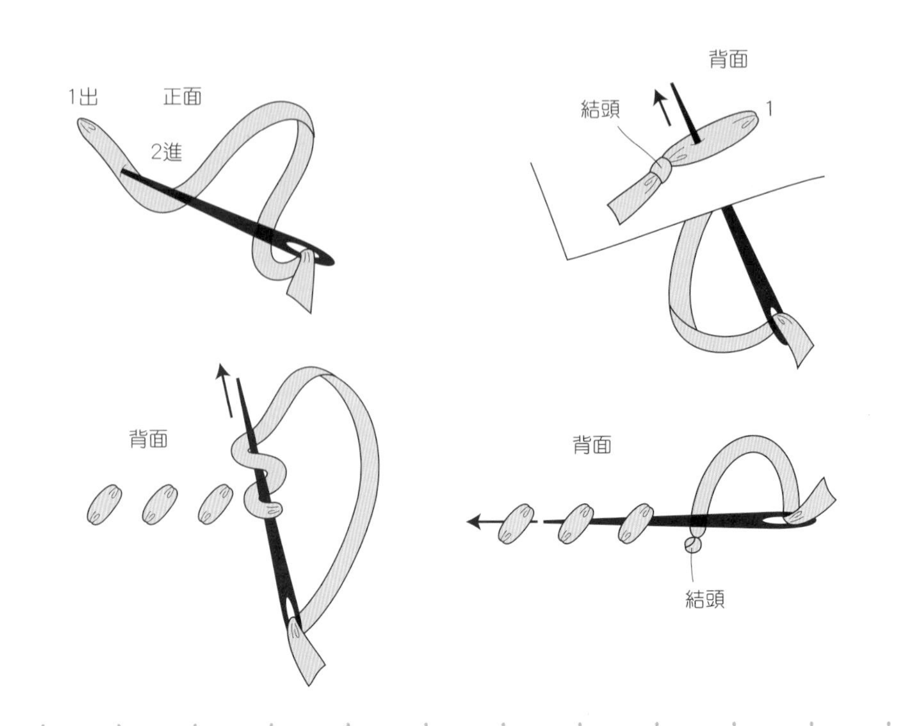

熨燙的方法

刺繡完畢之後整燙，會讓作品更美好。如果是立體的刺繡，熨燙時必須小心不要損壞作品。請視布料調整熨斗的溫度。

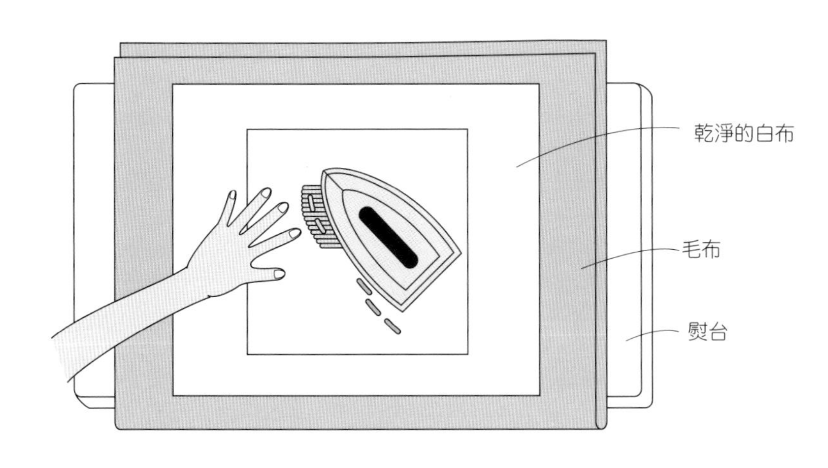

1
將折起來的毯子或毛巾放在熨台上，再蓋一塊乾淨的白布。

2
均勻地將水噴在刺繡布料的背面，以熨斗熨燙。熨燙時，用手將布拉開，大約將因刺繡縮短的部分撐開即可。請注意不要太在意布的紋路，過度往斜向拉開。

3
最後從刺繡的部份往外側熨燙。

消除圖案的方法

刺繡完成後，請沾水將圖案消除。除了用水之外，也可以用專用的水消筆將圖案消除。

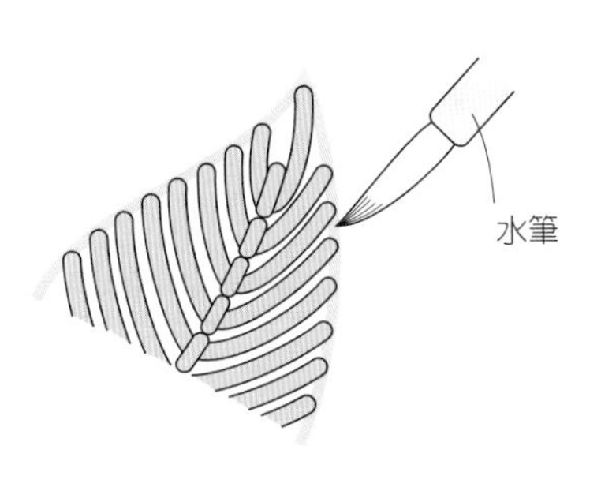

使用水筆相當方便。也可以用沾水的棉花棒或濕紙巾。消掉之後自然乾燥。如果用熨斗燙乾的話，墨水會滲進去，反而不會消失，要多注意。

水筆

經常用來暈染圖畫或水彩。只要加水，水就會從筆的前端流出來。又稱為水刷，可以在比較大的文具店購得。

線的使用數量與圖案的大小

使用25號繡線刺繡時，往往不知道應該用幾條線來刺繡。每個圖案的大小都有適合的線數。此外，組合平常用1條線刺繡的5號繡線和25號繡線，繡起來別有一番風味。

適合線數的針號數（法國刺繡針）

如果在布上面不好繡的時候，請換一根針再繡吧。先進行試繡再開始著手製作刺繡比較好哦。

25 號繡線
1 股、 2 股線＝ 7 ～ 10 號
3 股線、 4 股線＝ 5、 6 號
5 股線、 6 股線＝ 3、 4 號

5 號繡線
1 股＝ 5、 6 號

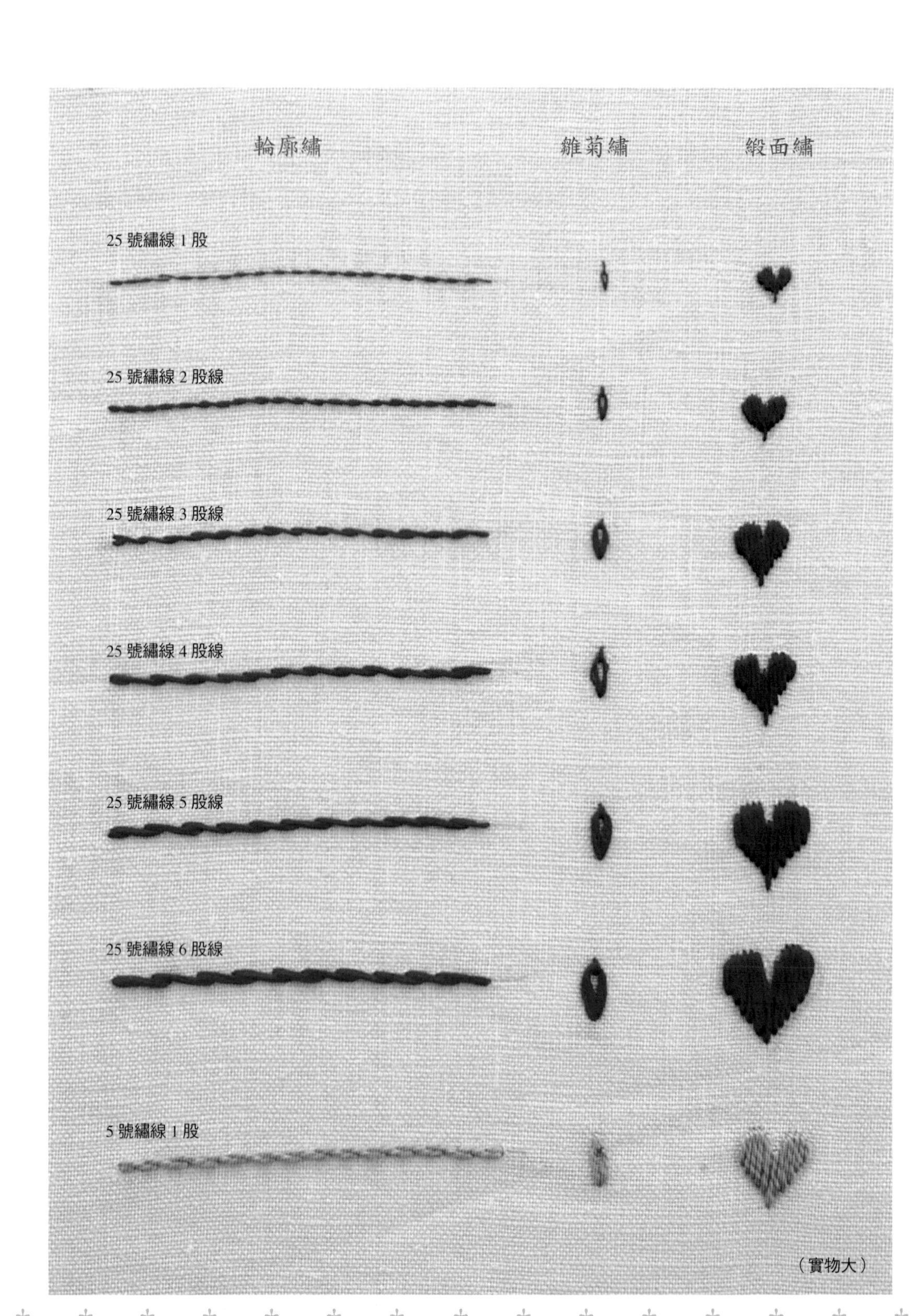

刺繡圖型集

在形形色色的針法中，選擇適合圖案的針法，也是一項愉快的作業。這個部分以使用頻率比較高的針法為中心來刺繡。請參考本處的圖型，使用各種不同的針法，挑戰屬於你自己的獨家作品吧。

花的刺繡

實物大的圖案

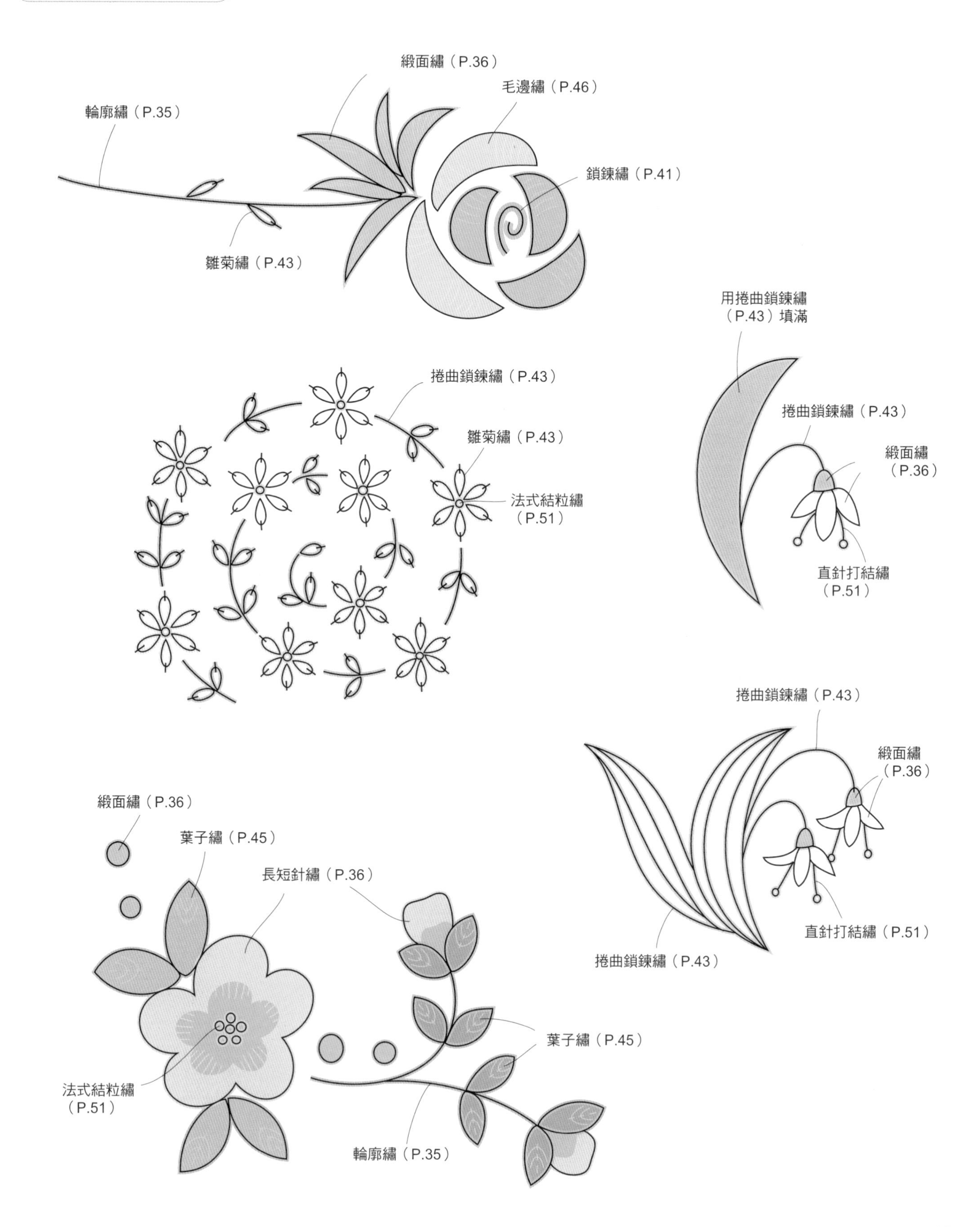

緞面繡（P.36）
毛邊繡（P.46）
輪廓繡（P.35）
鎖鍊繡（P.41）
雛菊繡（P.43）
用捲曲鎖鍊繡
（P.43）填滿
捲曲鎖鍊繡（P.43）
雛菊繡（P.43）
捲曲鎖鍊繡（P.43）
緞面繡
（P.36）
法式結粒繡
（P.51）
直針打結繡
（P.51）
捲曲鎖鍊繡（P.43）
緞面繡
（P.36）
緞面繡（P.36）
葉子繡（P.45）
長短針繡（P.36）
直針打結繡（P.51）
捲曲鎖鍊繡（P.43）
葉子繡（P.45）
法式結粒繡
（P.51）
輪廓繡（P.35）

刺繡點綴

實物大的圖案

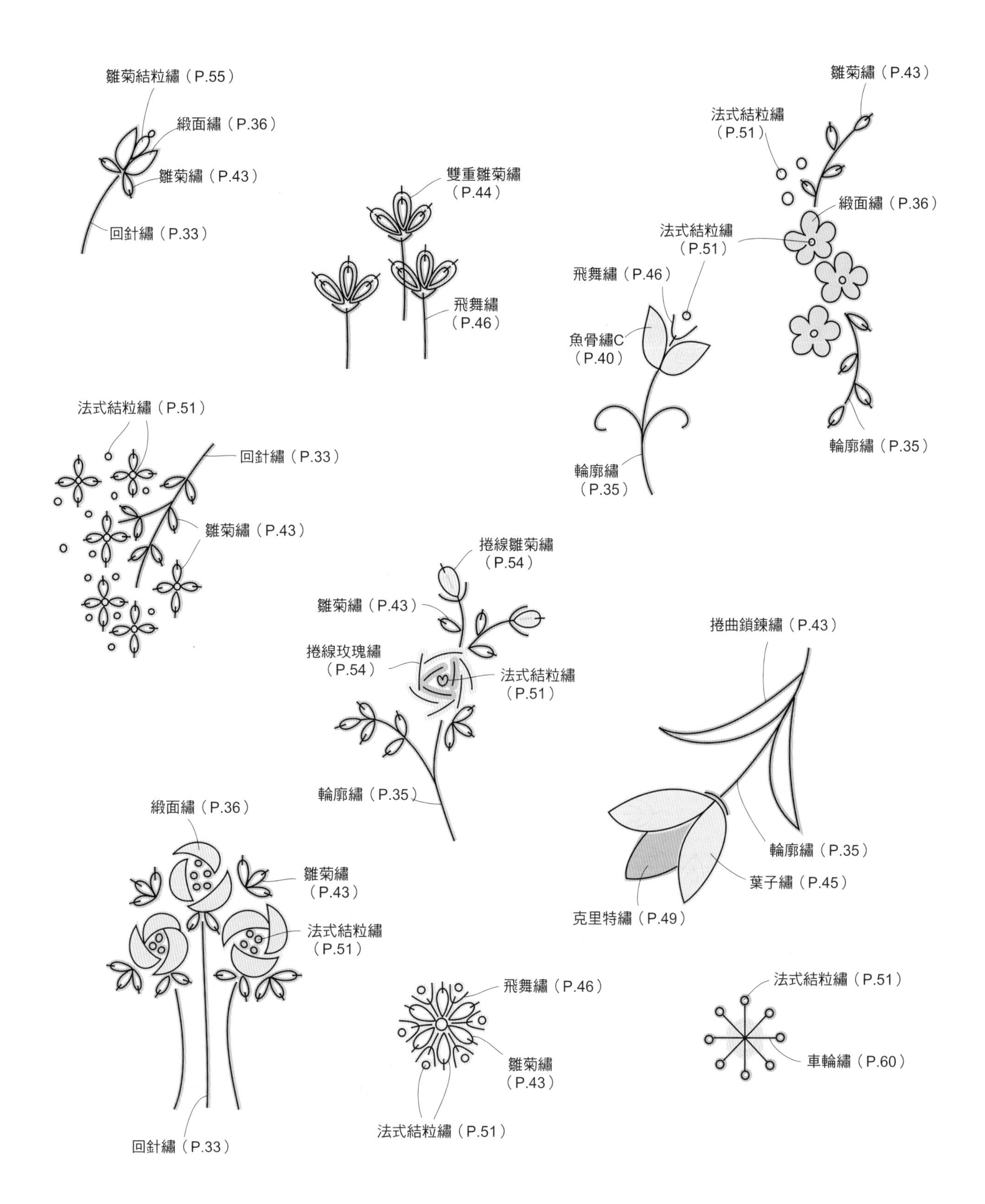

雛菊結粒繡（P.55）
緞面繡（P.36）
雛菊繡（P.43）
回針繡（P.33）
雙重雛菊繡
（P.44）
飛舞繡
（P.46）
雛菊繡（P.43）
法式結粒繡
（P.51）
緞面繡（P.36）
法式結粒繡
（P.51）
飛舞繡（P.46）
魚骨繡C
（P.40）
輪廓繡
（P.35）
輪廓繡（P.35）
法式結粒繡（P.51）
回針繡（P.33）
雛菊繡（P.43）
捲線雛菊繡
（P.54）
雛菊繡（P.43）
捲線玫瑰繡
（P.54）
法式結粒繡
（P.51）
輪廓繡（P.35）
捲曲鎖鍊繡（P.43）
輪廓繡（P.35）
葉子繡（P.45）
克里特繡（P.49）
緞面繡（P.36）
雛菊繡
（P.43）
法式結粒繡
（P.51）
回針繡（P.33）
飛舞繡（P.46）
雛菊繡
（P.43）
法式結粒繡（P.51）
法式結粒繡（P.51）
車輪繡（P.60）

心形刺繡

實物大的圖案

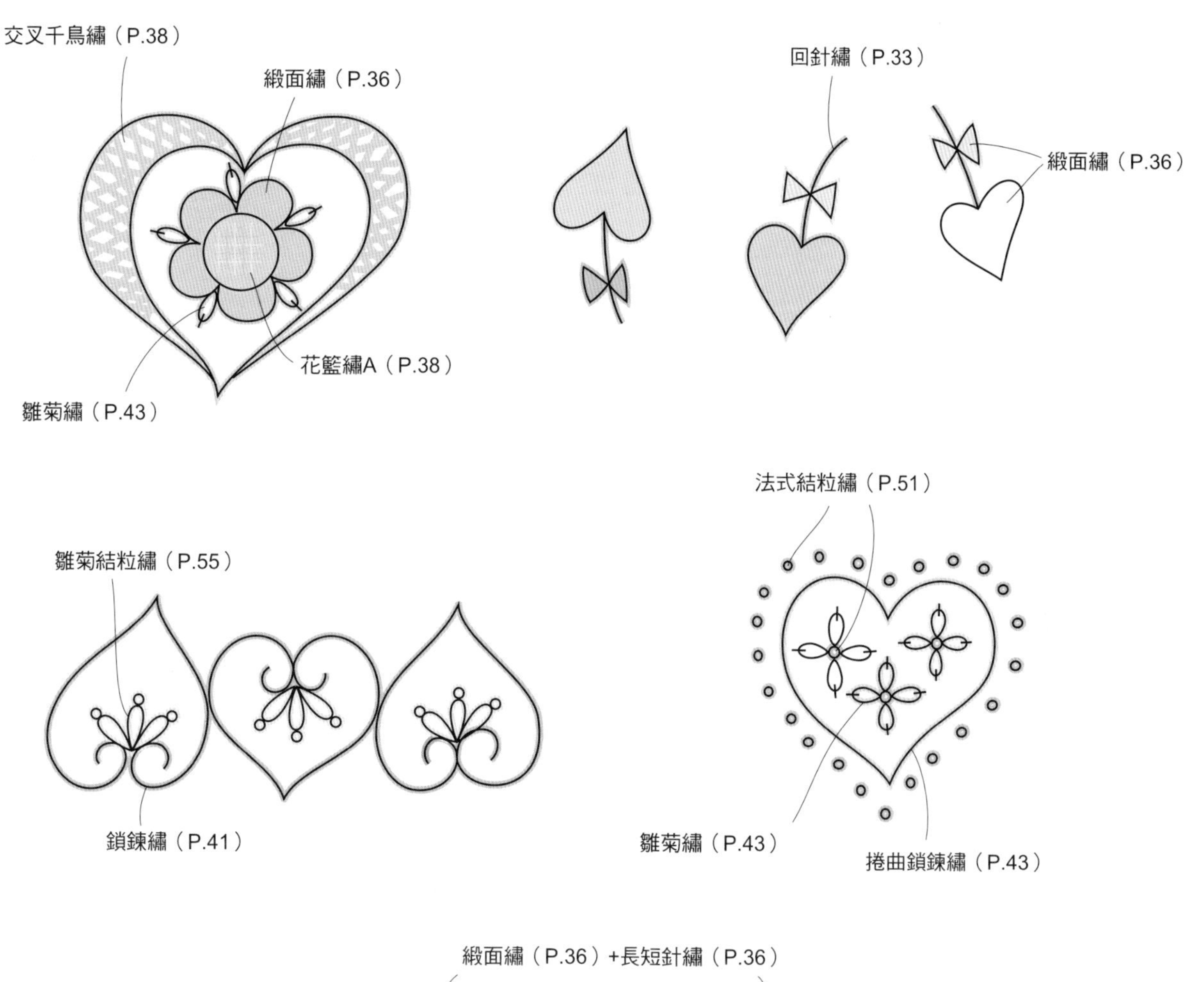

交叉千鳥繡（P.38）
緞面繡（P.36）
花籃繡A（P.38）
雛菊繡（P.43）
回針繡（P.33）
緞面繡（P.36）
雛菊結粒繡（P.55）
鎖鍊繡（P.41）
法式結粒繡（P.51）
雛菊繡（P.43）
捲曲鎖鍊繡（P.43）

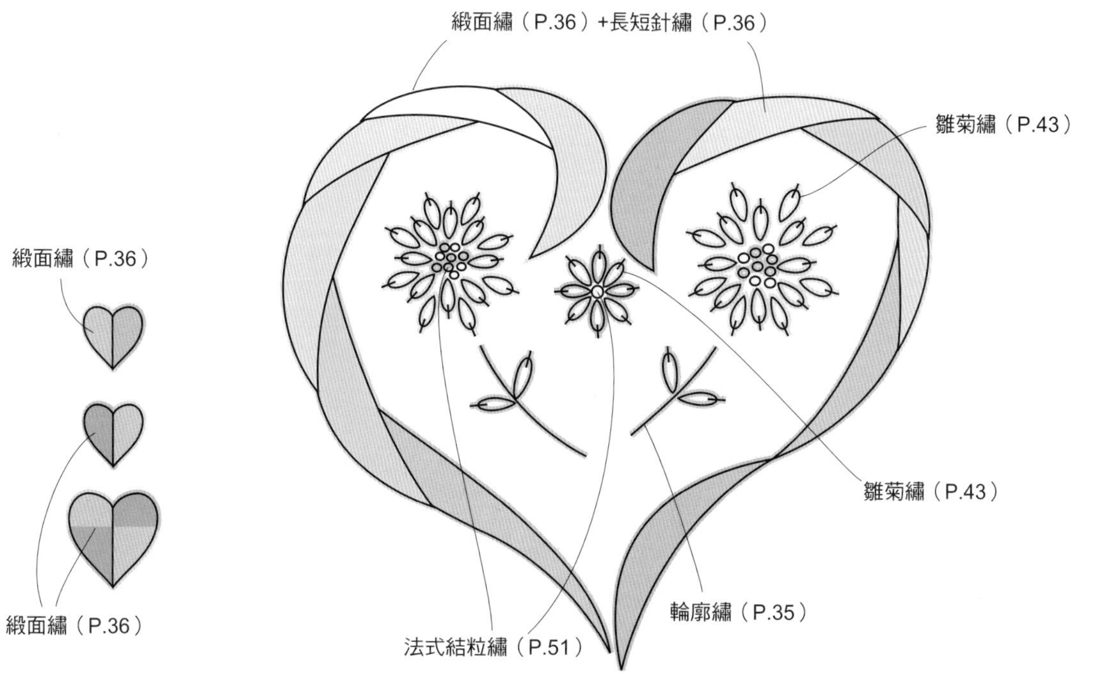

緞面繡（P.36）+長短針繡（P.36）
雛菊繡（P.43）
緞面繡（P.36）
雛菊繡（P.43）
緞面繡（P.36）
輪廓繡（P.35）
法式結粒繡（P.51）

幾何圖形

實物大的圖案

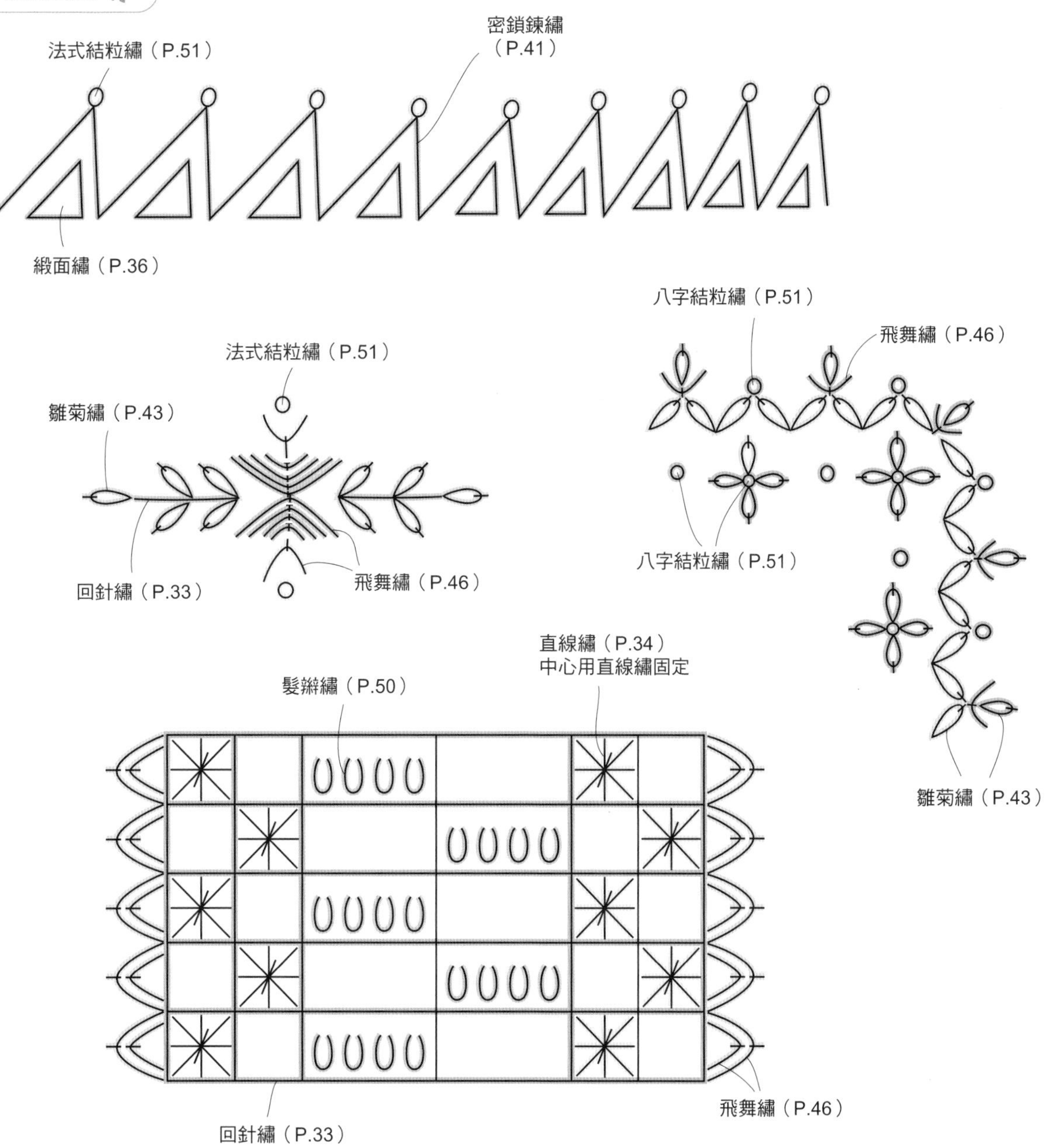

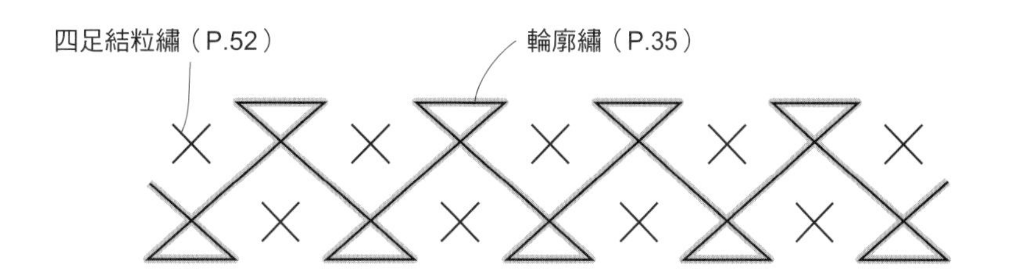

接針平線繡（P.56）

Red work 素繡

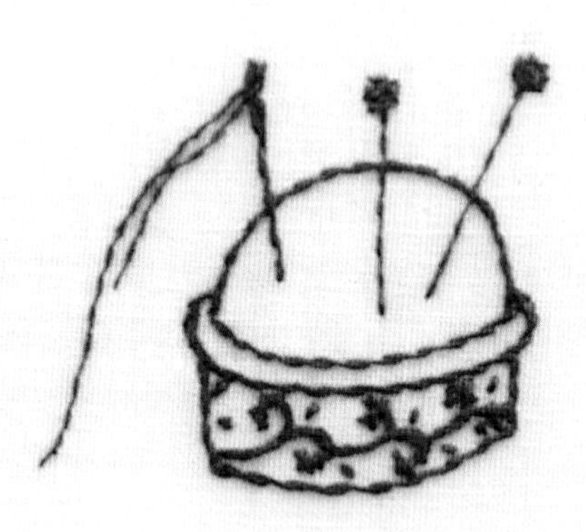

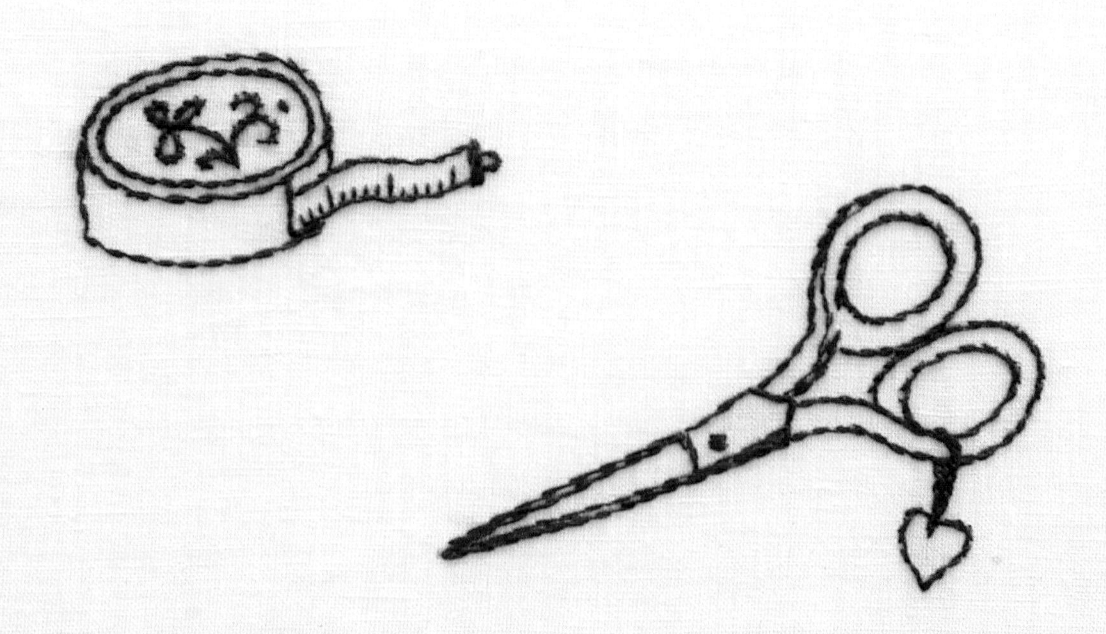

實物大的圖案

※除了指定以外，都用2股線輪廓繡（P.35）

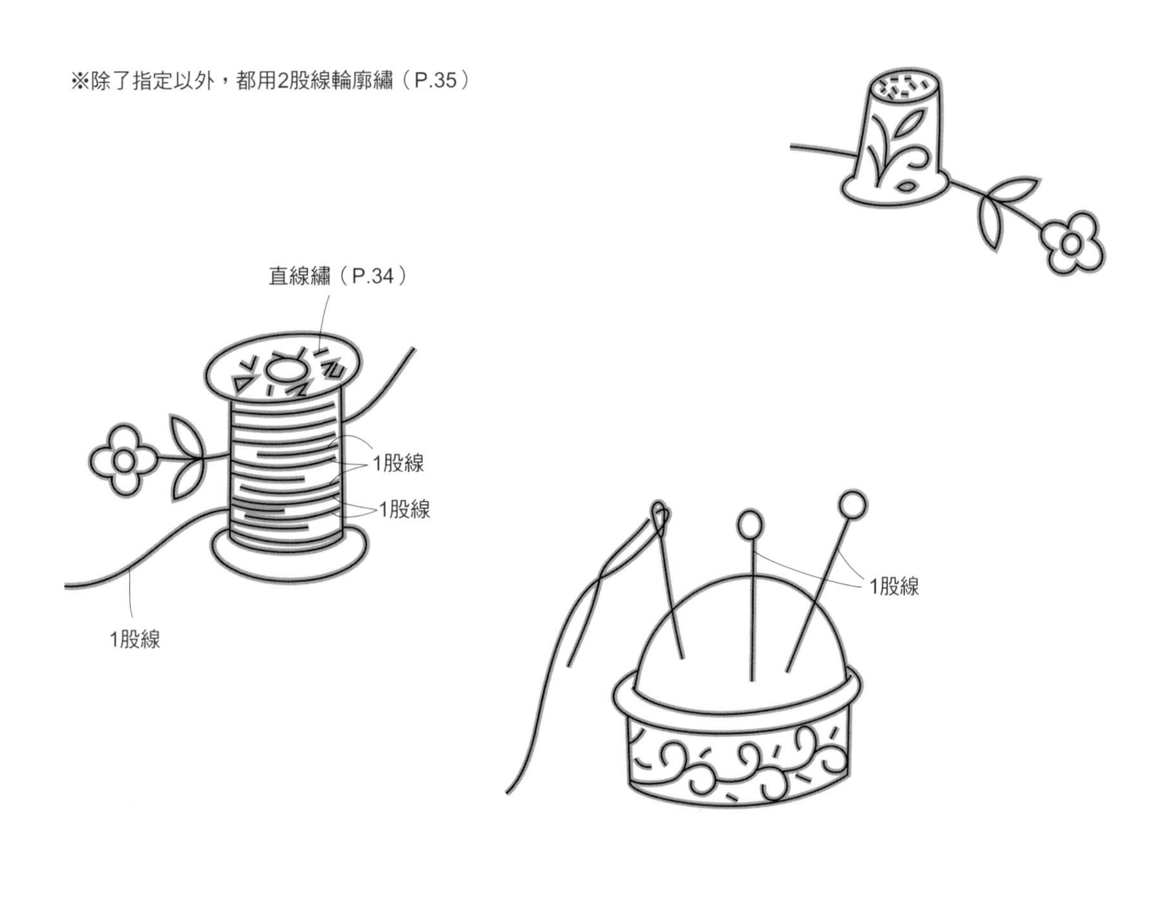

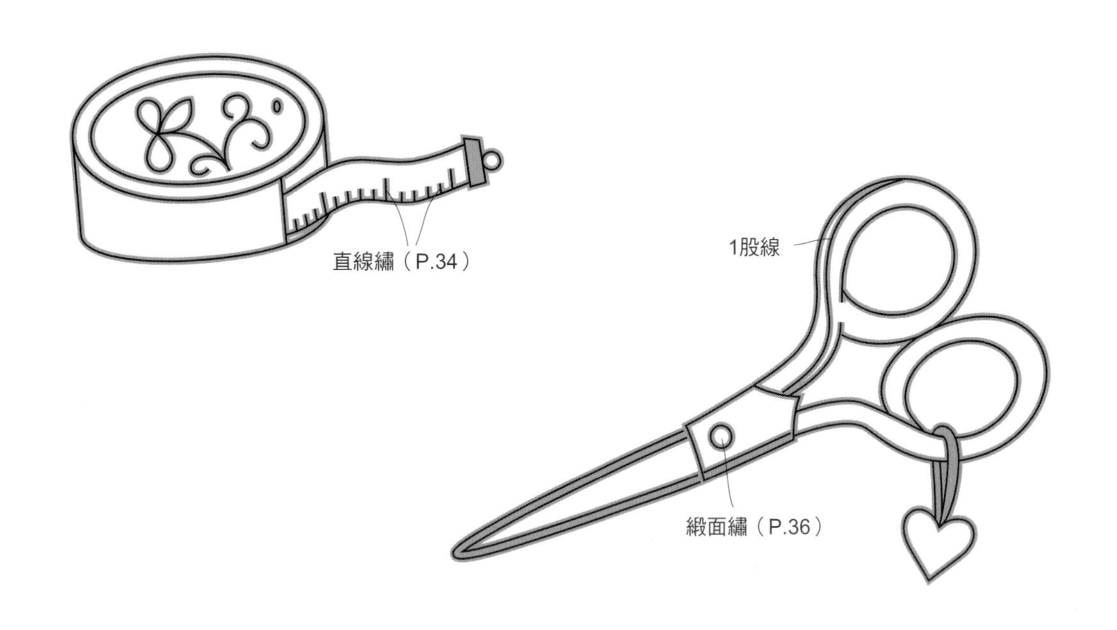

花籃

實物大的圖案

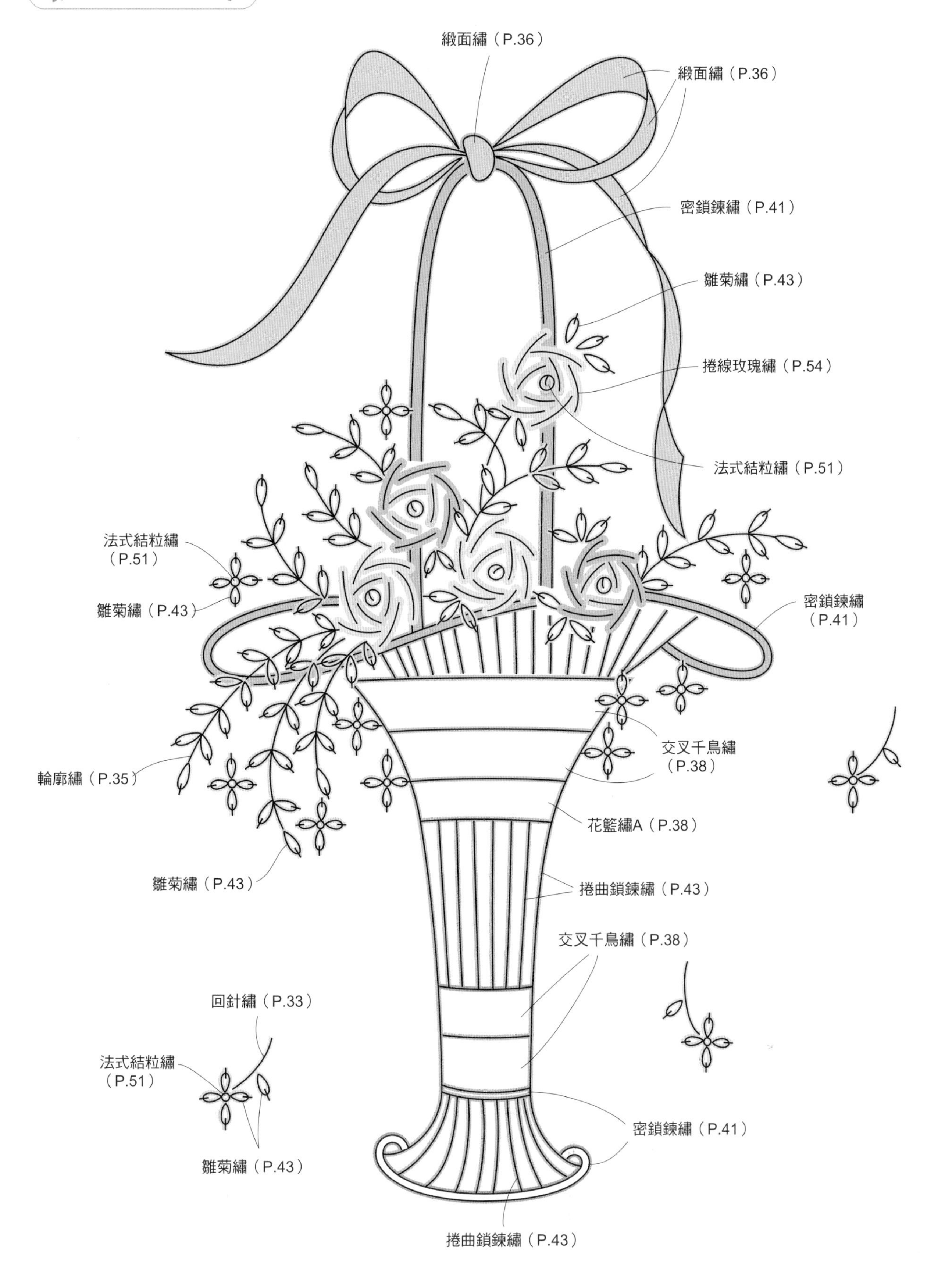

緞面繡（P.36）
緞面繡（P.36）
密鎖鍊繡（P.41）
雛菊繡（P.43）
捲線玫瑰繡（P.54）
法式結粒繡（P.51）
法式結粒繡（P.51）
雛菊繡（P.43）
密鎖鍊繡（P.41）
交叉千鳥繡（P.38）
輪廓繡（P.35）
花籃繡A（P.38）
雛菊繡（P.43）
捲曲鎖鍊繡（P.43）
交叉千鳥繡（P.38）
回針繡（P.33）
法式結粒繡（P.51）
雛菊繡（P.43）
密鎖鍊繡（P.41）
捲曲鎖鍊繡（P.43）

波浪帶刺繡

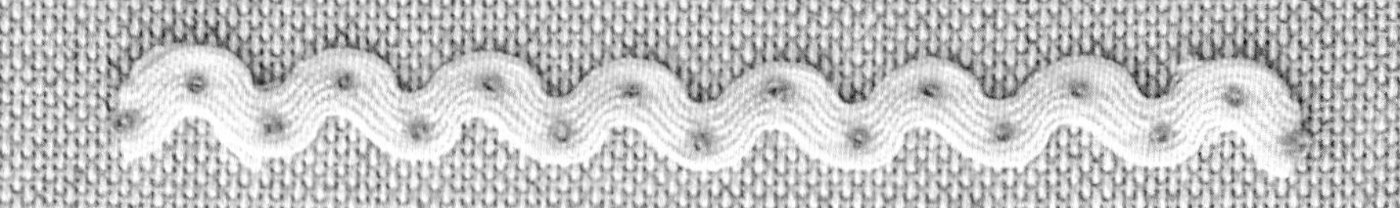

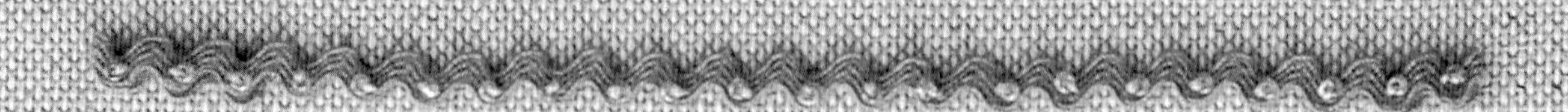

實物大的圖案

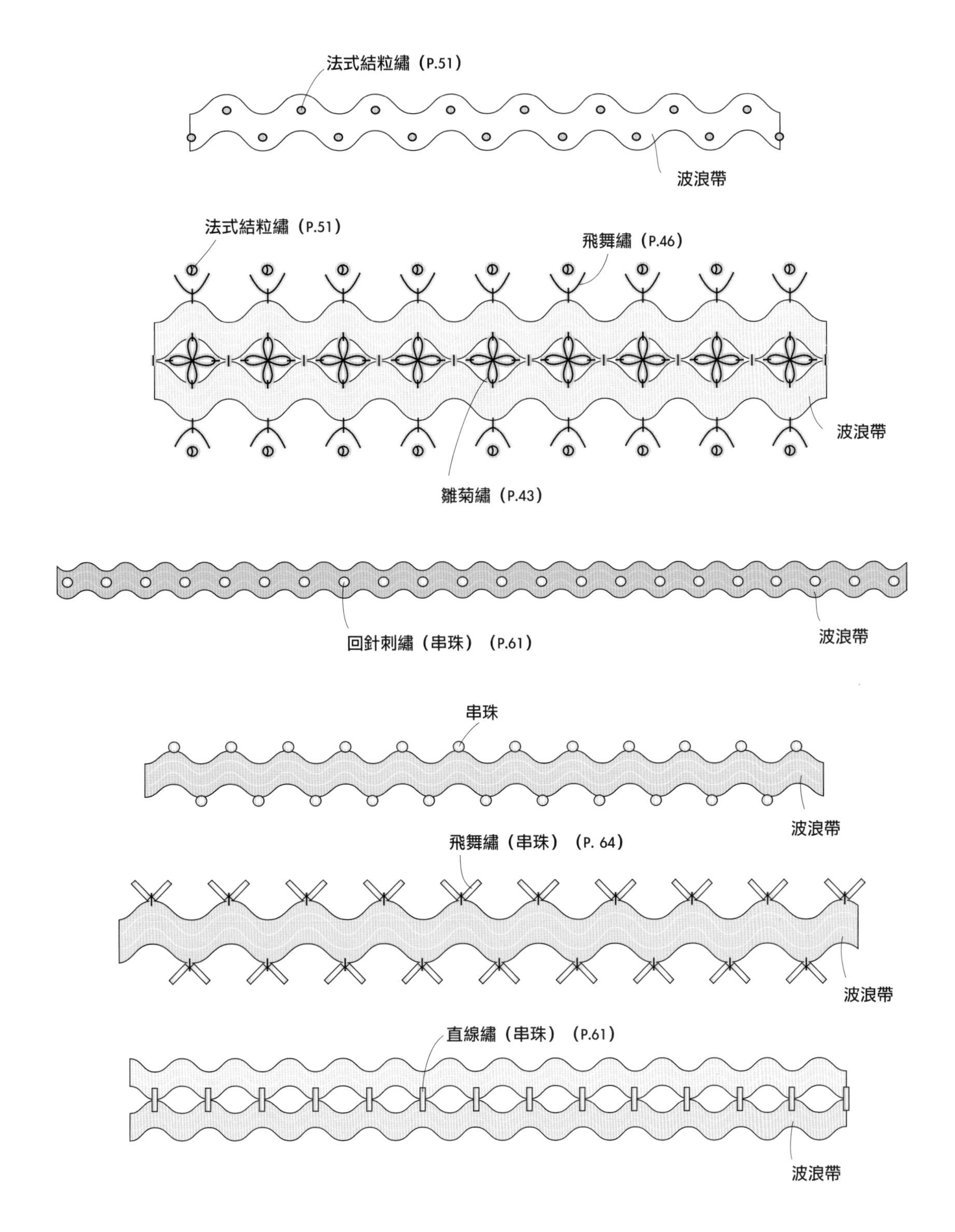

法式結粒繡（P.51）
波浪帶
法式結粒繡（P.51）
飛舞繡（P.46）
波浪帶
雛菊繡（P.43）
回針刺繡（串珠）（P.61）
波浪帶
串珠
波浪帶
飛舞繡（串珠）（P. 64）
波浪帶
直線繡（串珠）（P.61）
波浪帶

串珠刺繡

實物大的圖案

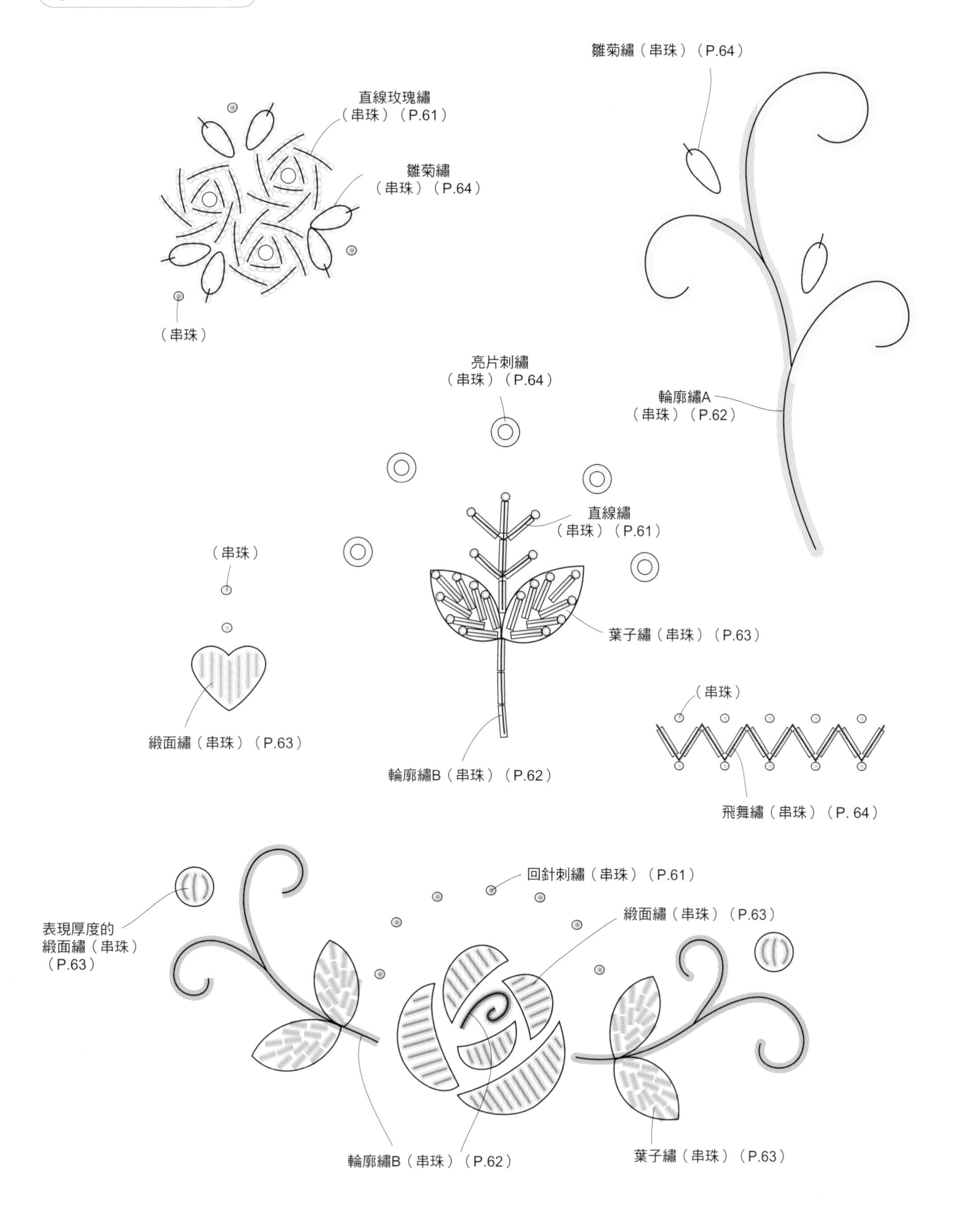

直線玫瑰繡
（串珠）（P.61）
雛菊繡
（串珠）（P.64）
（串珠）
雛菊繡（串珠）（P.64）
輪廓繡A
（串珠）（P.62）
亮片刺繡
（串珠）（P.64）
直線繡
（串珠）（P.61）
（串珠）
葉子繡（串珠）（P.63）
緞面繡（串珠）（P.63）
輪廓繡B（串珠）（P.62）
（串珠）
飛舞繡（串珠）（P. 64）
回針刺繡（串珠）（P.61）
表現厚度的
緞面繡（串珠）
（P.63）
緞面繡（串珠）（P.63）
輪廓繡B（串珠）（P.62）
葉子繡（串珠）（P.63）

緞帶刺繡

實物大的圖案

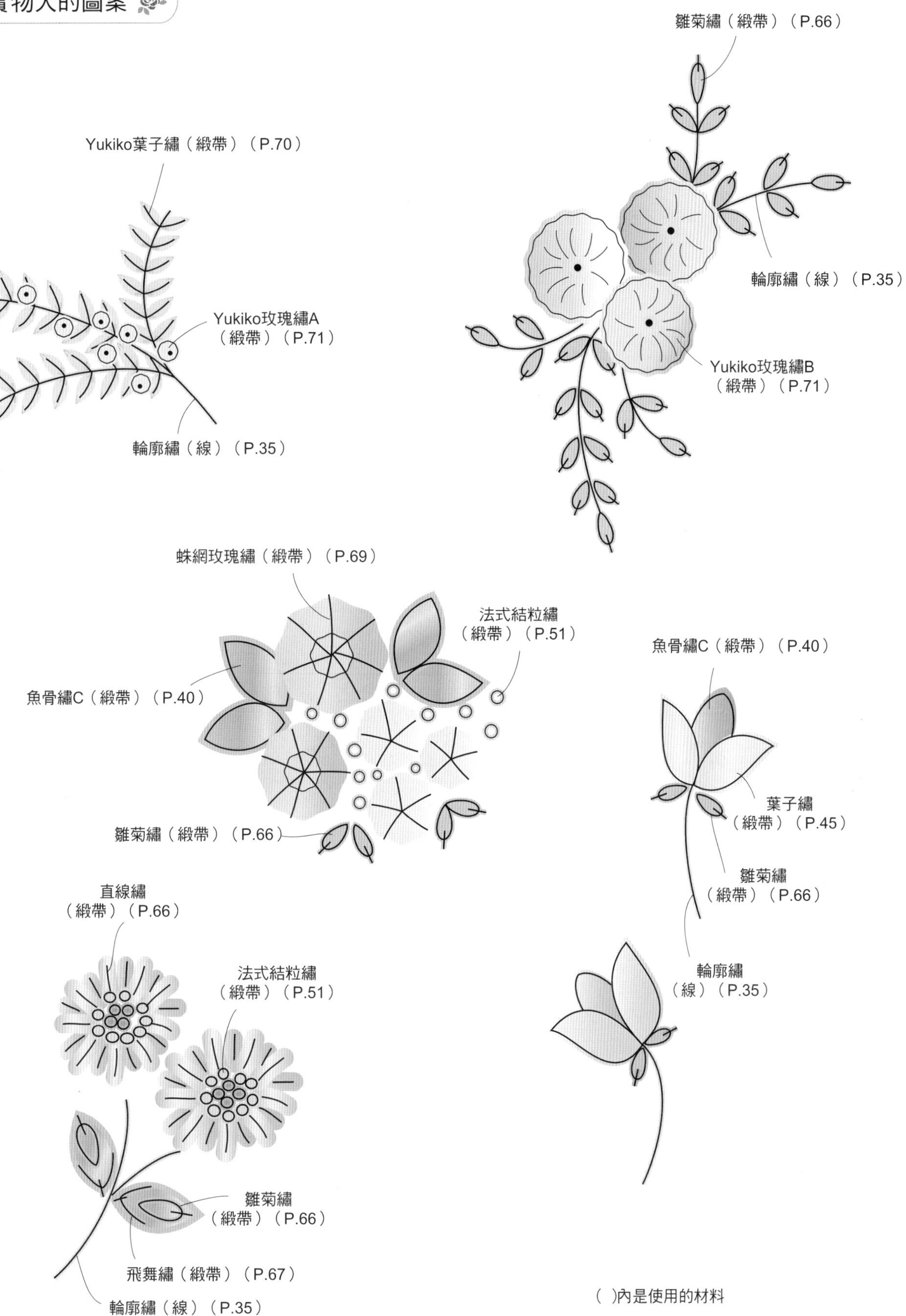

（ ）內是使用的材料

針法篇

本部分將性質相近的針法排在一起，在選擇針法時可以比較相當方便。不論是不知道繡法的初學者，還是想要確認針法與研究新針法的高手都可利用。

Index

繡線刺繡

1 平針繡

刺繡時，每一針都保持相等的距離。運針時，以較長的針一次穿幾針刺繡。繡法同細針目平針繡。

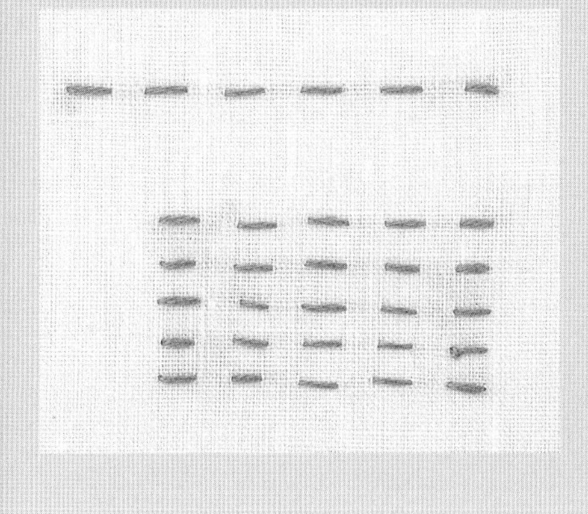

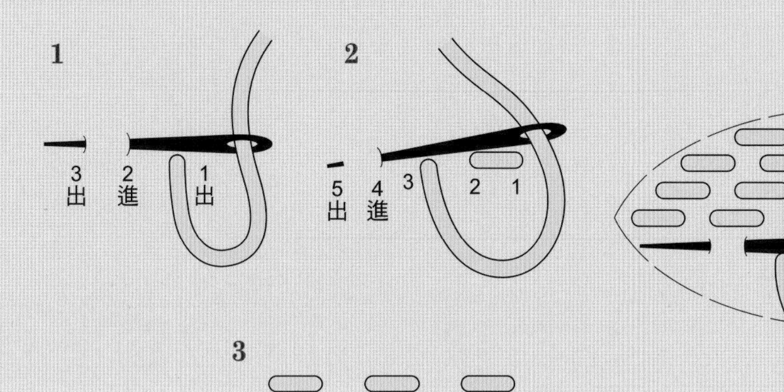

2 織補繡

看起來和平針繡差不多，但是2和3之間的距離比較短。從第2列開始，針目呈交互的狀態。

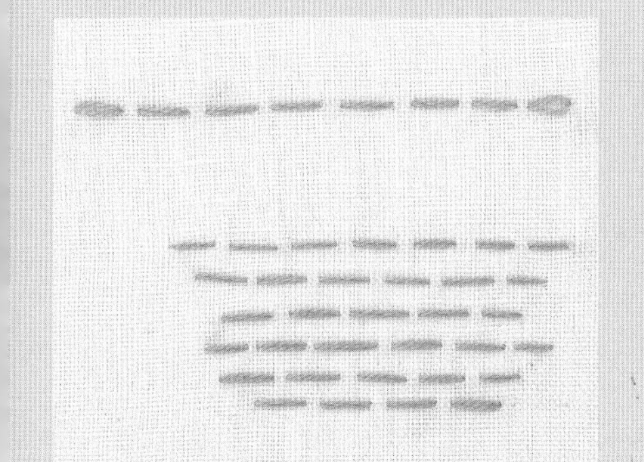

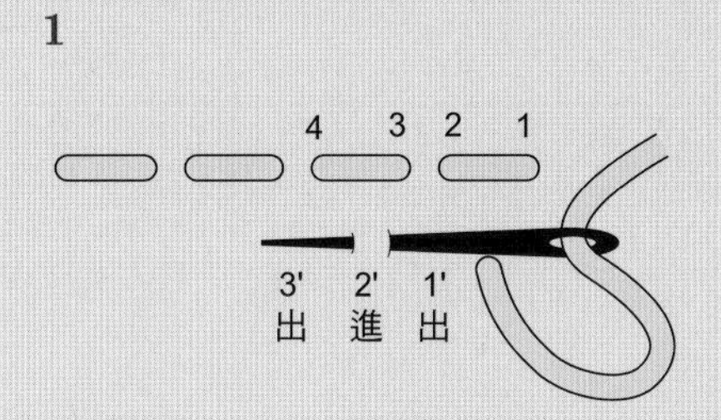

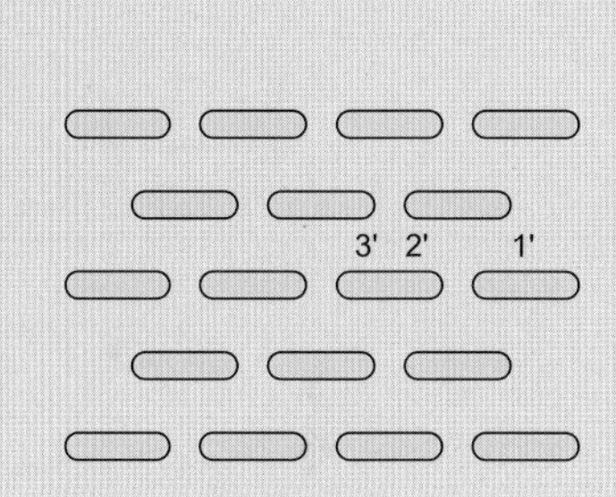

3 回針繡

將針回到1的後面，針從距離1針處穿出來。刺繡時，每一針都保持相等的距離。繡法同細針目回針繡。

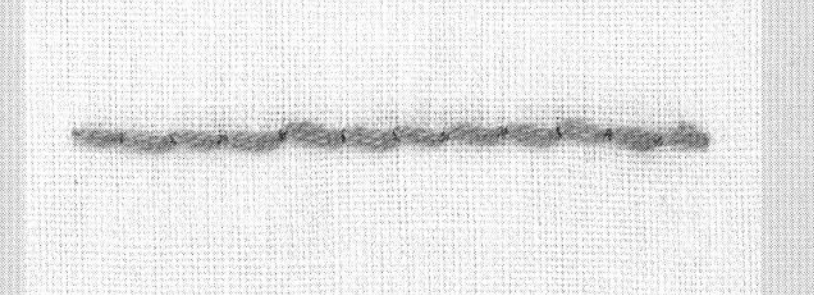

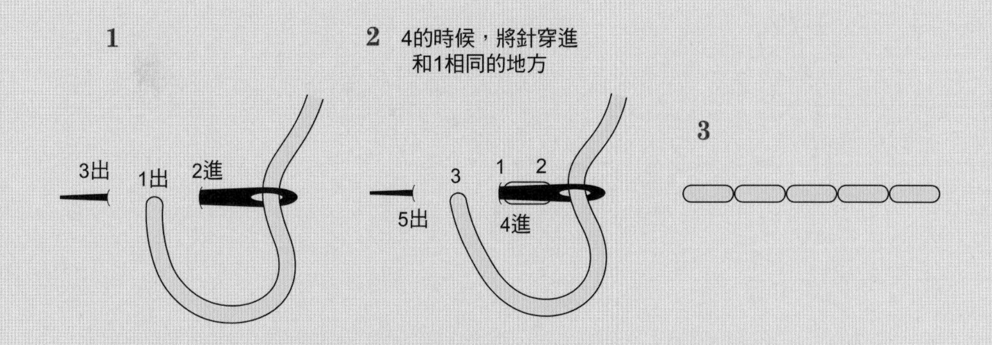

4 雙重回針繡

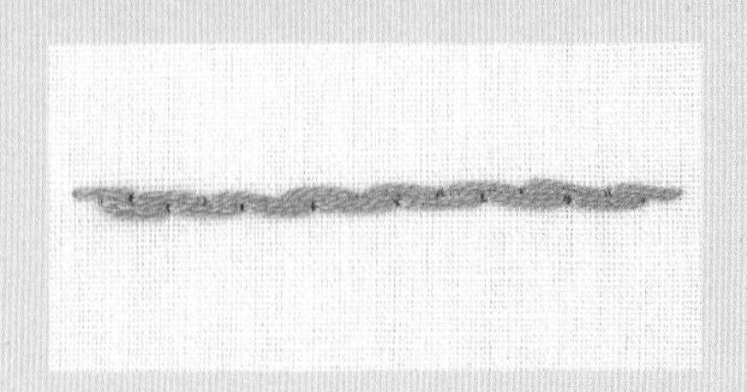

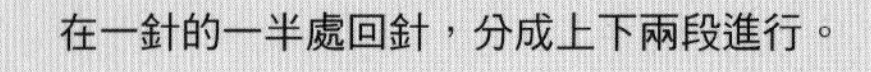

在一針的一半處回針，分成上下兩段進行。

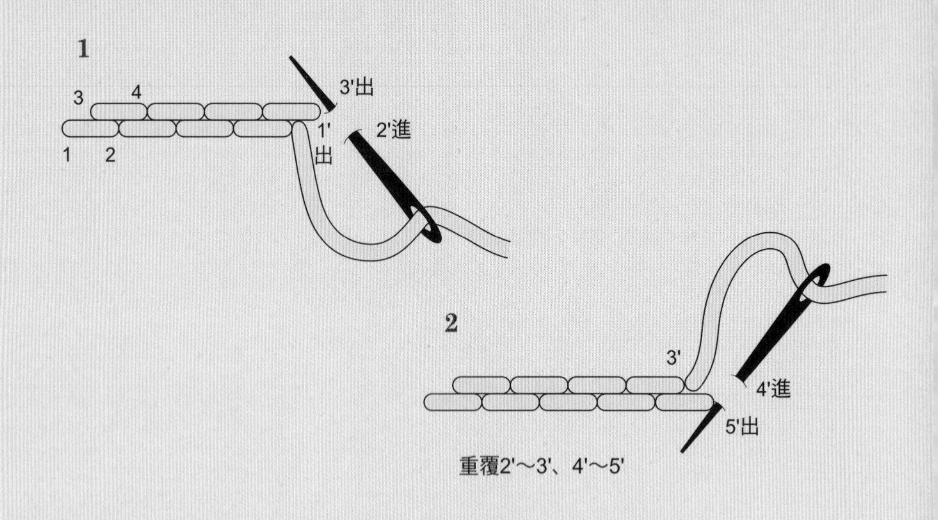

5 直線繡

向直、橫、斜方向各繡一針。可以說是所有針法的基礎。

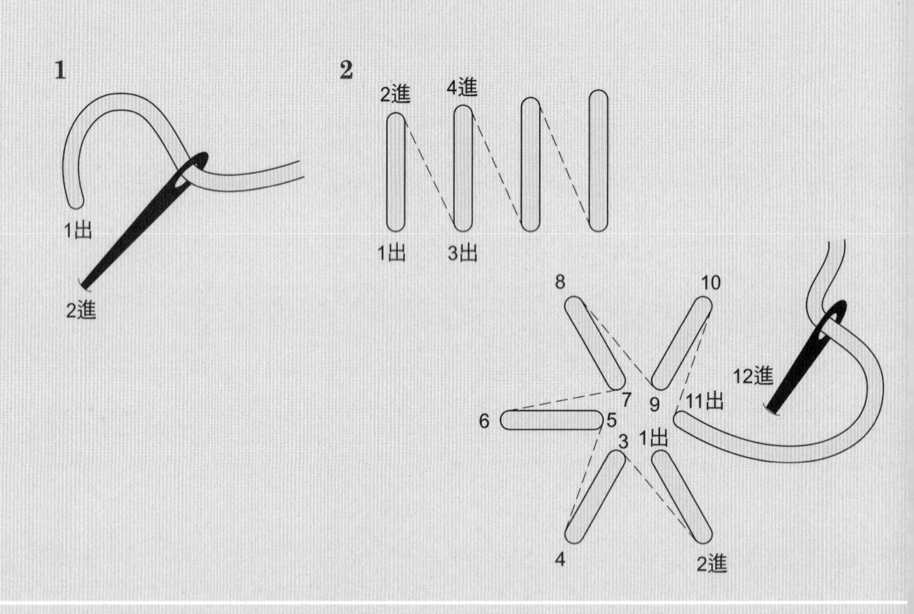

6 直線玫瑰繡

以直線繡繡出玫瑰花一般的圖案。
在中心繡法式結粒繡或八字結粒繡。

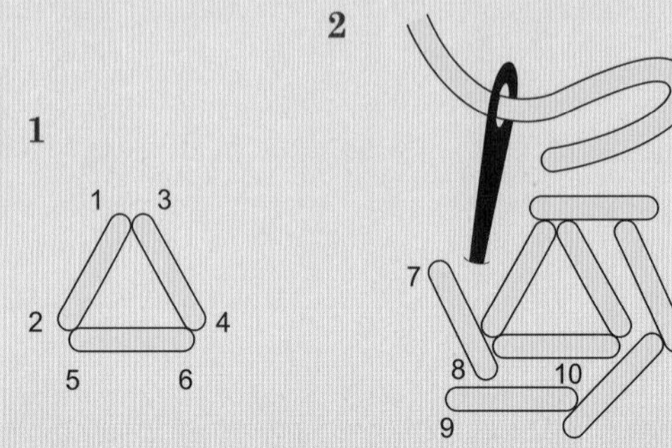

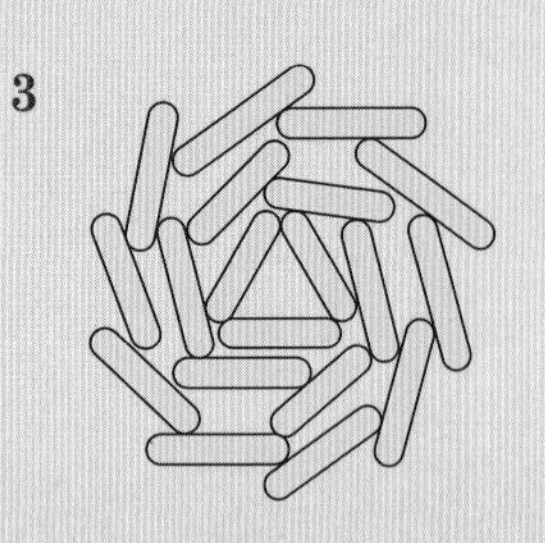

7 輪廓繡

經常用來繡輪廓或花草的莖。可以藉著針腳的長度，調整線的粗細。繡線可以放在針的左邊，也可以放在右邊，只要針腳對齊即可。

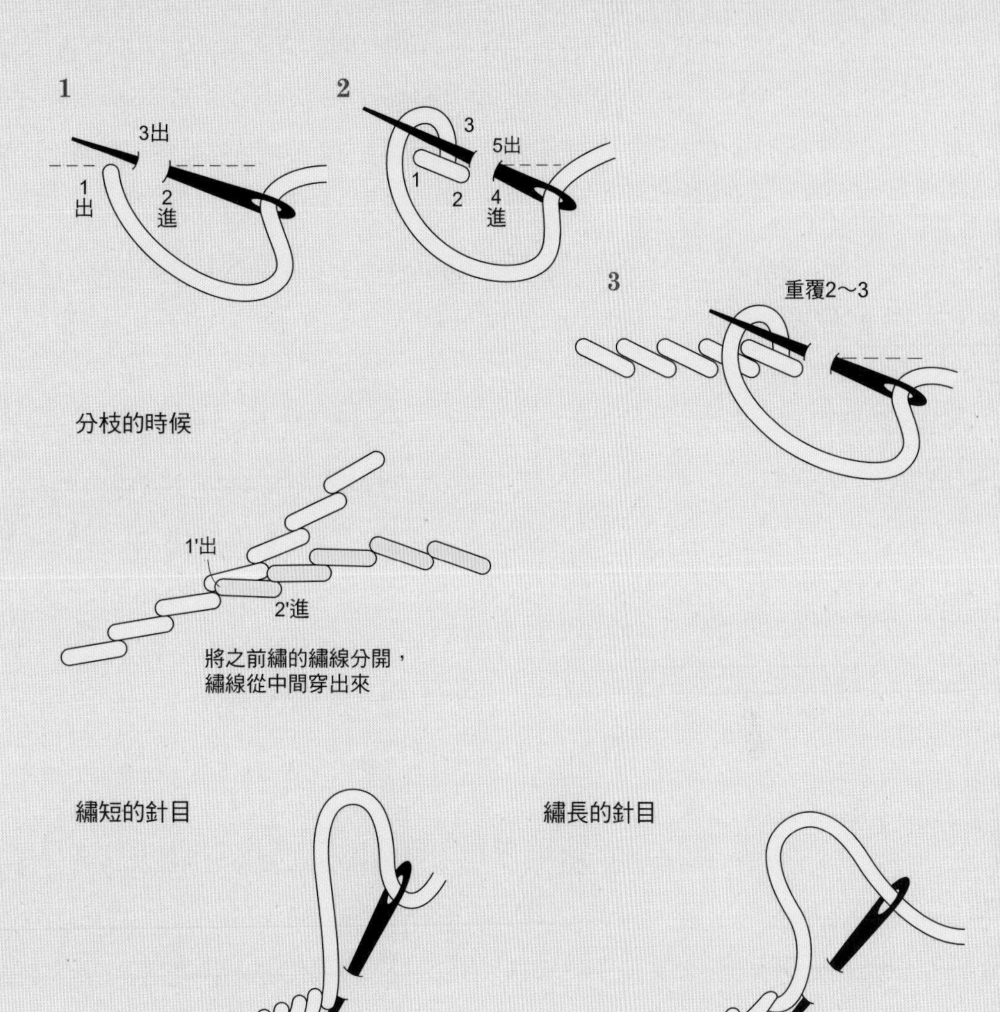

8 輪廓舖底繡

先繡外面，再以刺繡填滿裡面的空間。

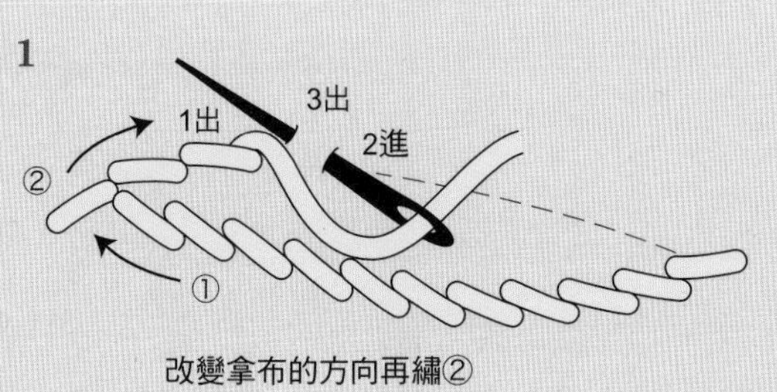

9 緞面繡

刺繡填滿空間的針法。有一些圖案刺繡的時候可以分成兩半進行。

從中心開始分別刺繡

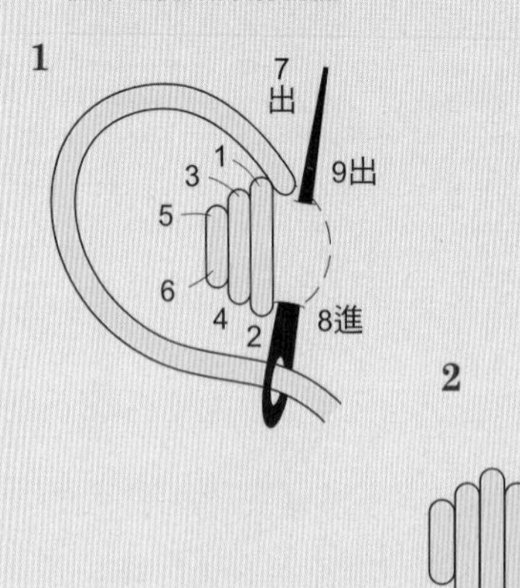

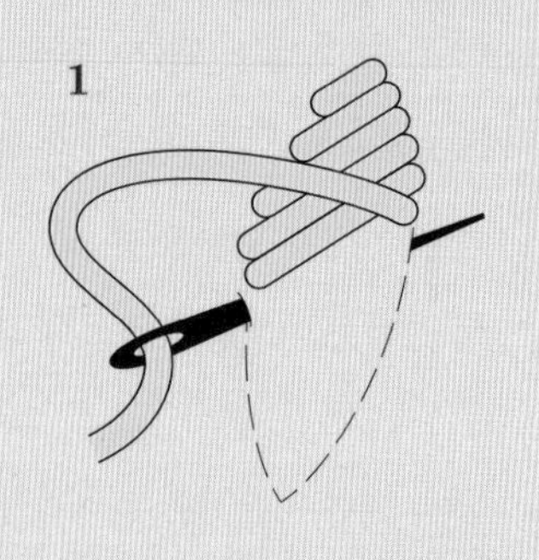

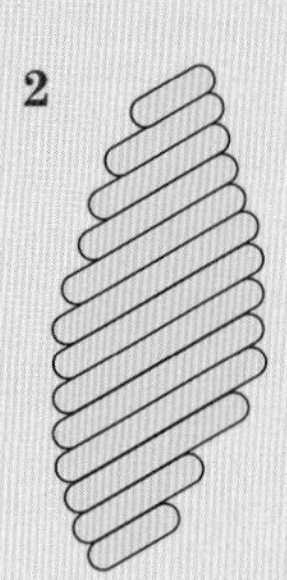

10 含芯緞面繡

用於想要繡出有立體感的作品時。先進行刺繡打底，再用緞面繡。

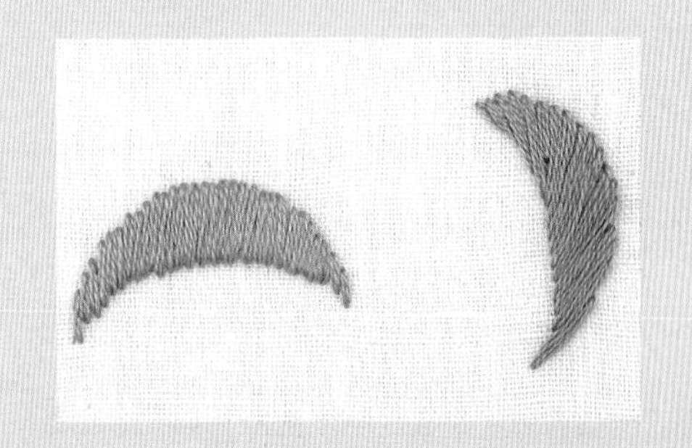

從中心開始分別刺繡

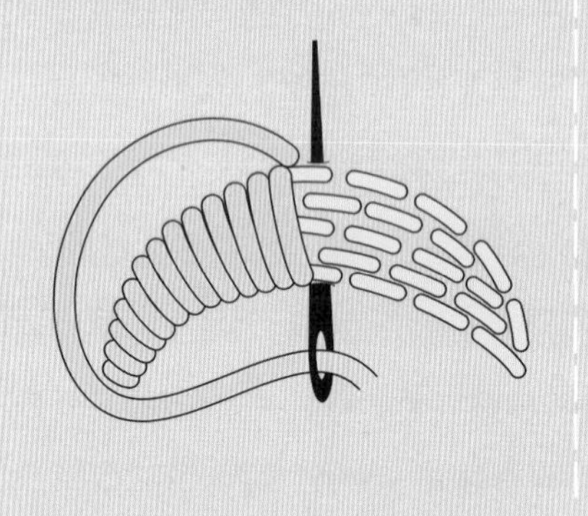

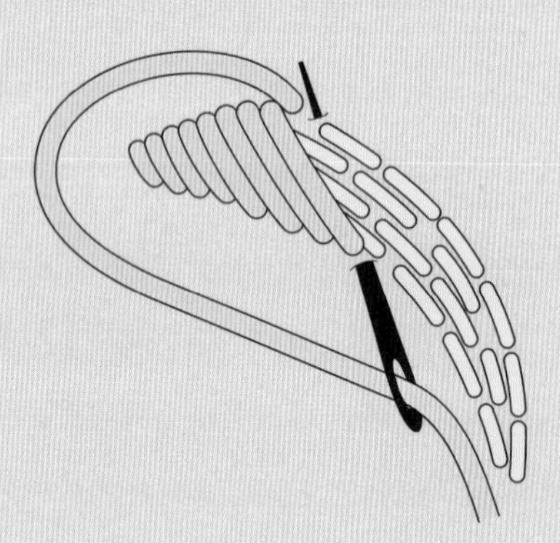

11 長短針繡

用於刺繡有曲線的圖案。用長、短針腳刺繡。等到全部繡完一圈之後，第2圈開始要稍微將第1圈的繡線分開，繡的時候稍微重疊。

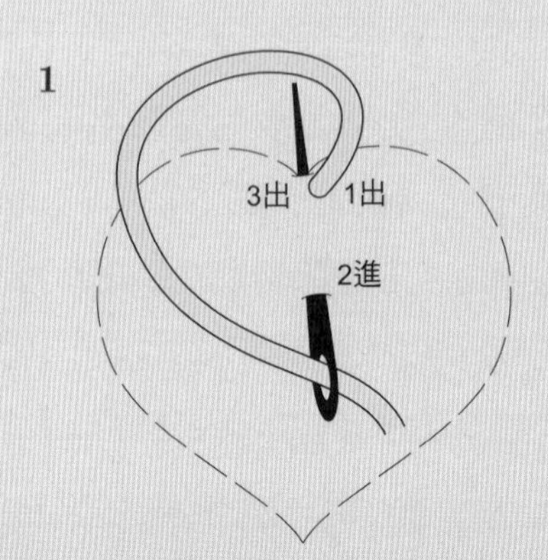

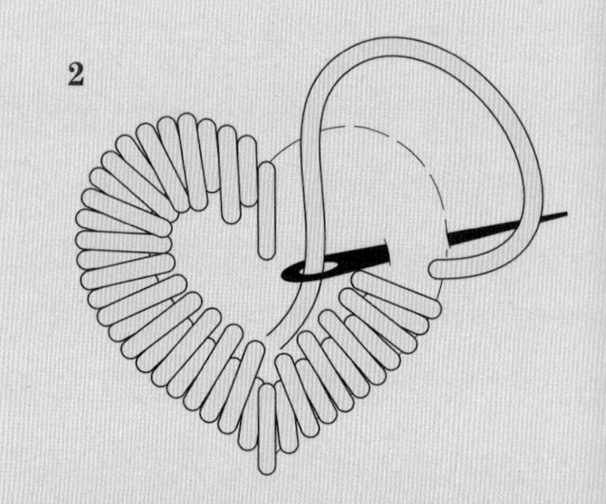

12 麥簇繡

一種將3條直線繡綑綁成稻草束模樣的針法。

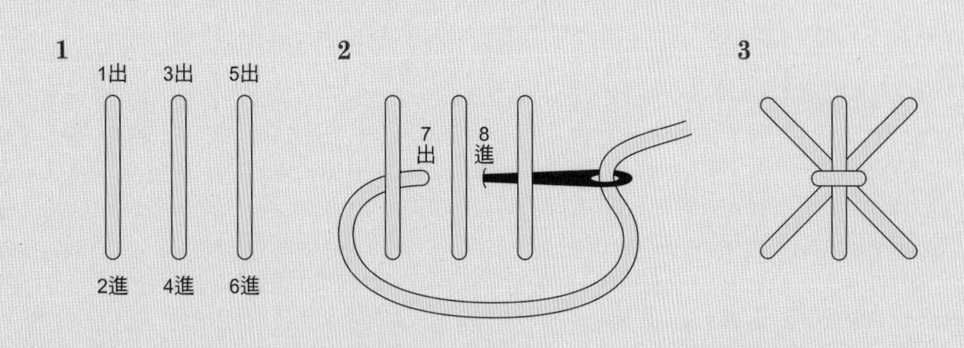

13 鋸齒繡

運用回針繡的要領，做連續山形的刺繡。每一針之間的間隔要保持一致。

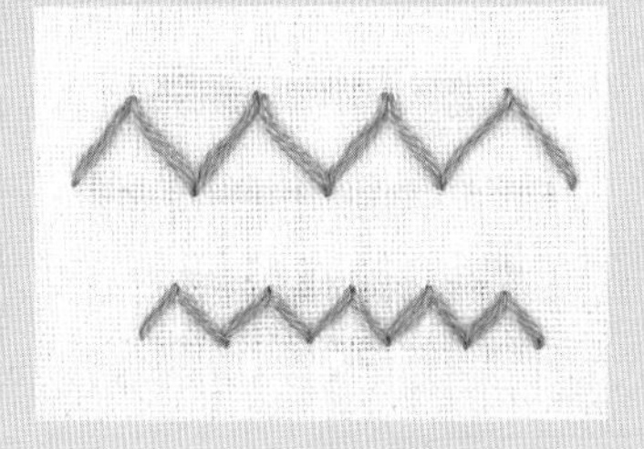

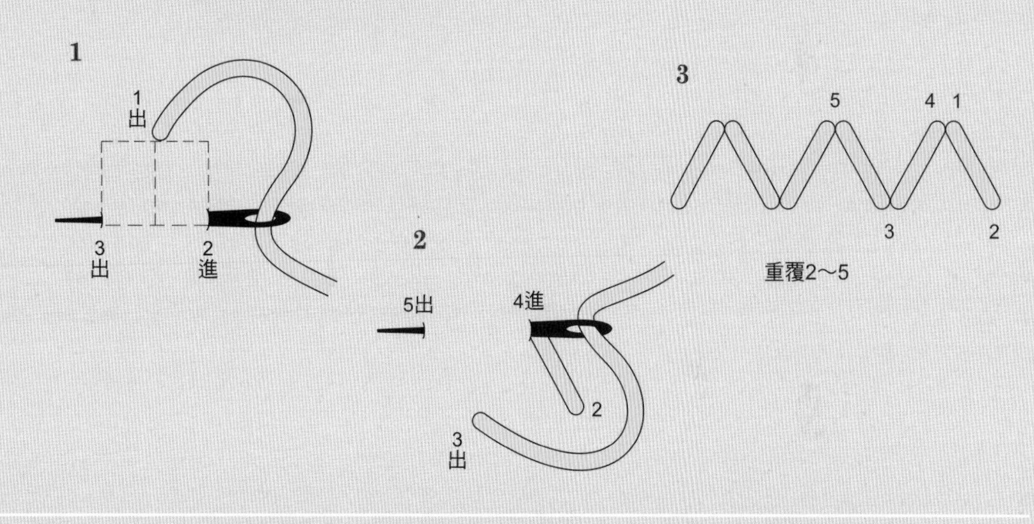

14 千鳥繡

在平行的2條線上，上下進行回針繡。刺繡方法和人字繡相同。

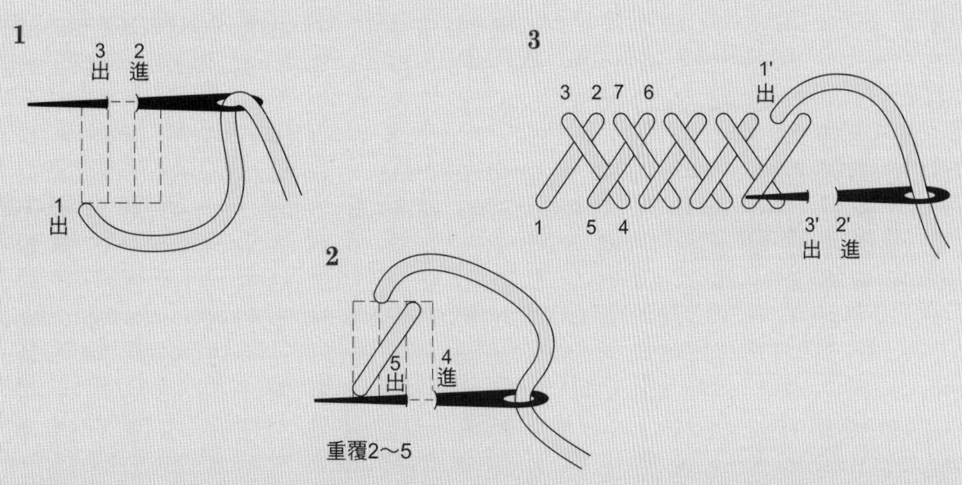

15 交叉千鳥縫

刺繡時，以千鳥縫填滿圖案。彎曲處須注意上下的針腳。如果從布的背面刺繡，就成了陰影繡。

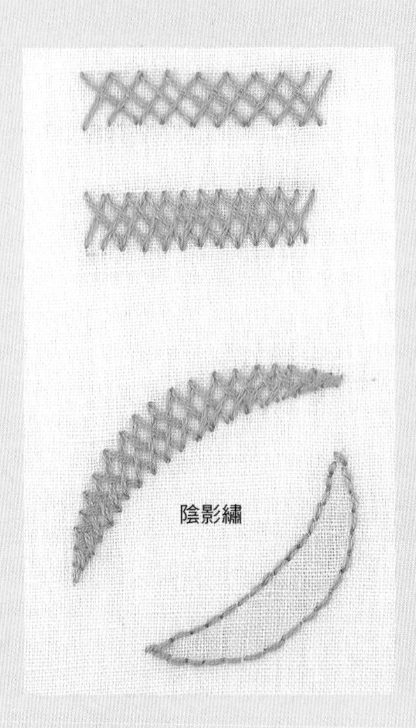

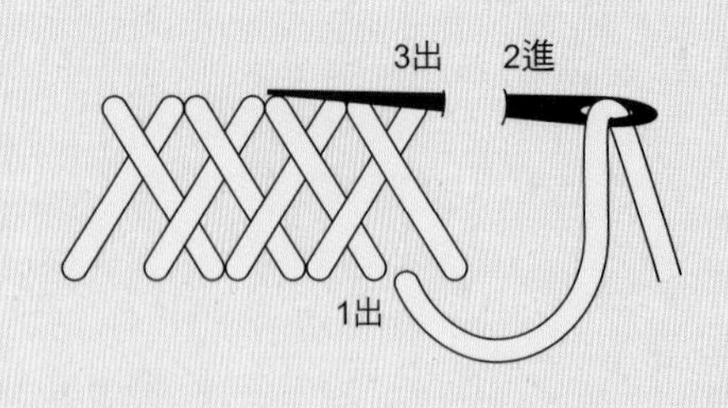

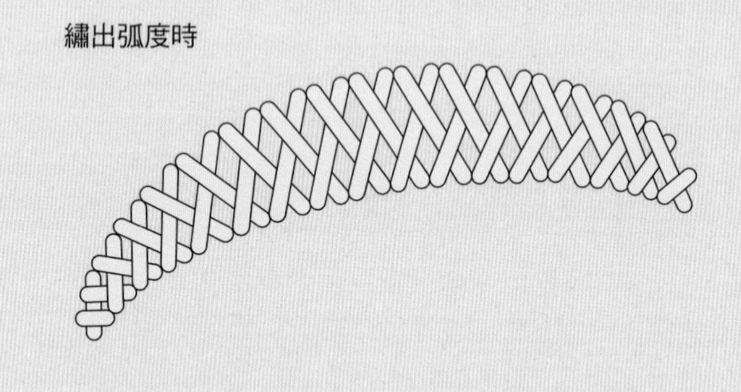

16 花籃繡A

先向縱或橫某一方向織線，接下來，將繡線像編織一樣，每隔一條線挑一次針。

花籃繡正如其名，最適合用來刺繡花籃等圖案。

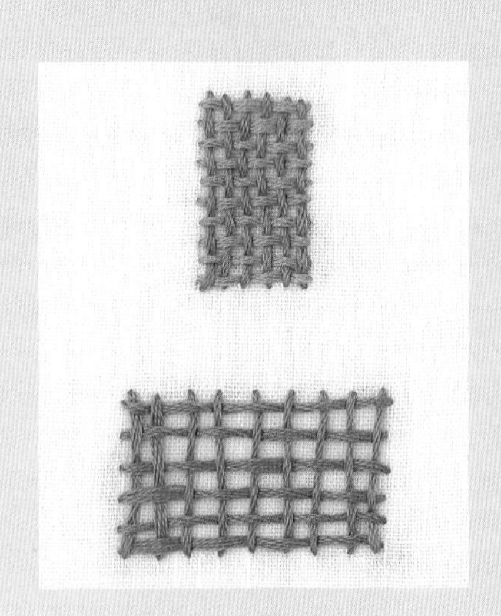

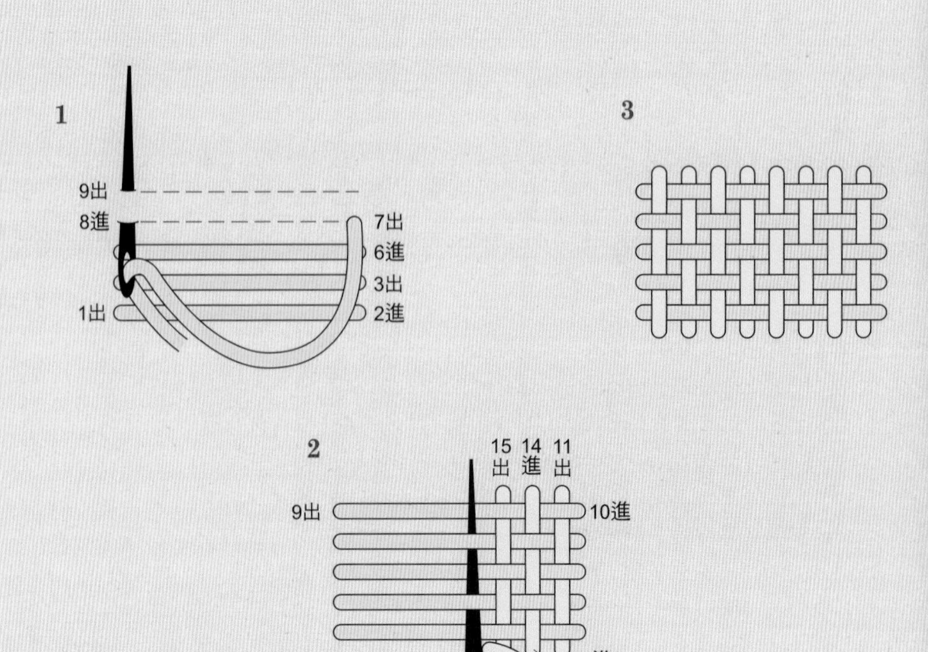

17 花籃繡B

縱、橫各以相同的線數，刺繡成市松的圖案
（注：市松的圖案為木板原色所構成的格子狀）。

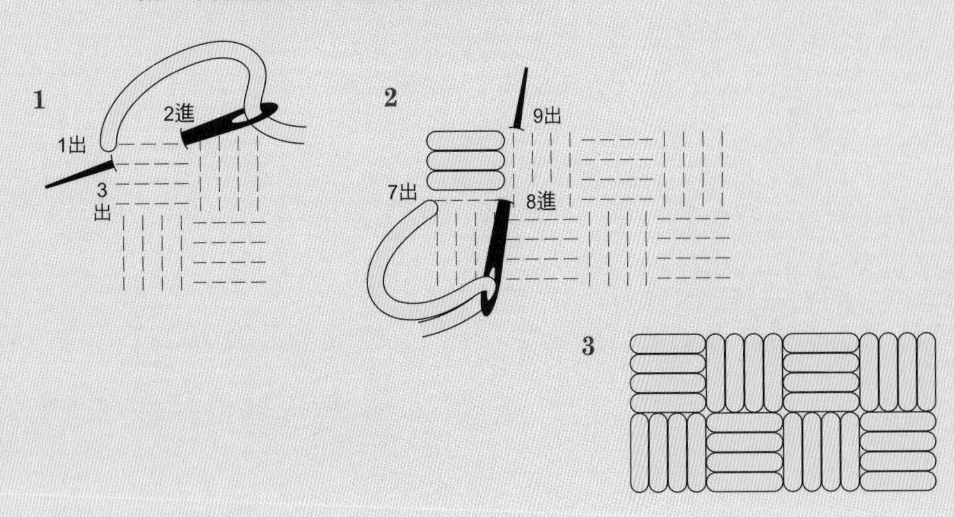

18 花籃繡C

刺繡時要一邊注意針的進與出。在上下都做出等間隔的記號，比較方便易懂。用這種針法填補其他針法時，將會呈現相當的厚度。

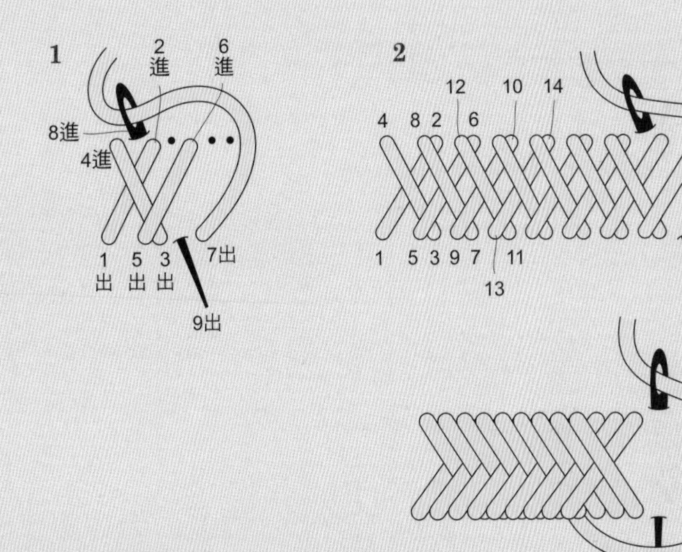

19 花籃繡D（莖幹繡）

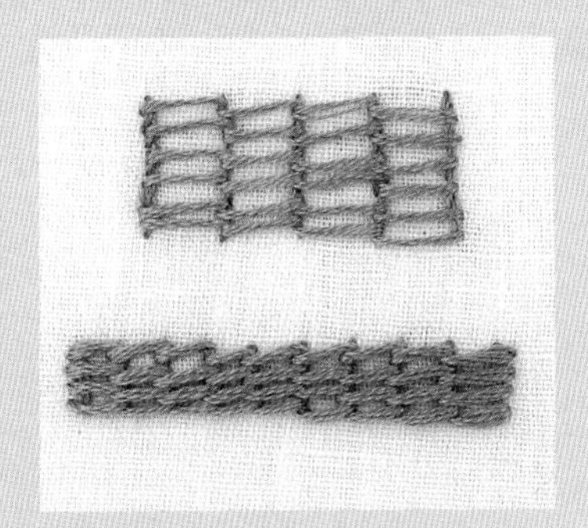

用等間隔繡出直線繡，接下來以直線繡為基礎，進行挑起繡線填滿的針法。當刺繡的範圍比較大的時候，可以用輪廓繡或鎖鍊繡代替直線繡。

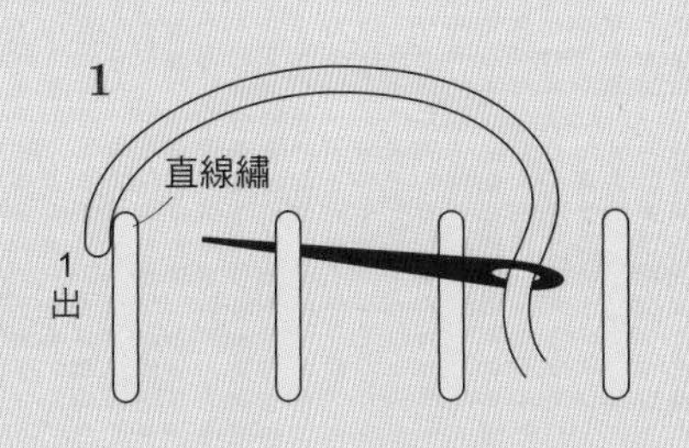

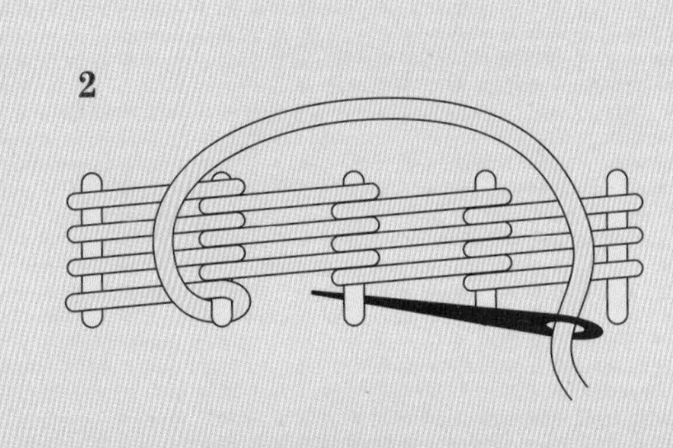

20 魚骨繡A

一種類似魚骨的針法。ABC下針的位置都不一樣。
用於刺繡葉片。

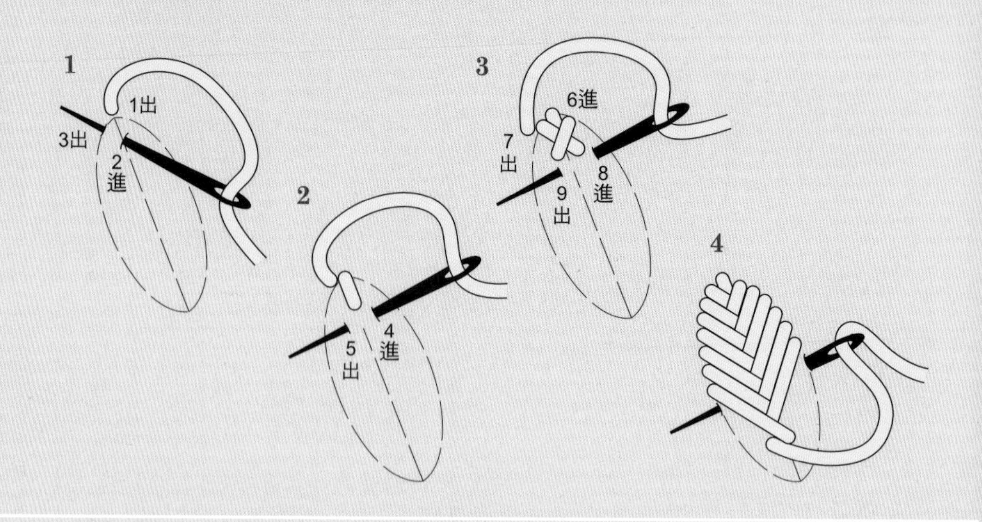

21 魚骨繡B

間隔比A大的針法。和A一樣，用於刺繡葉片。

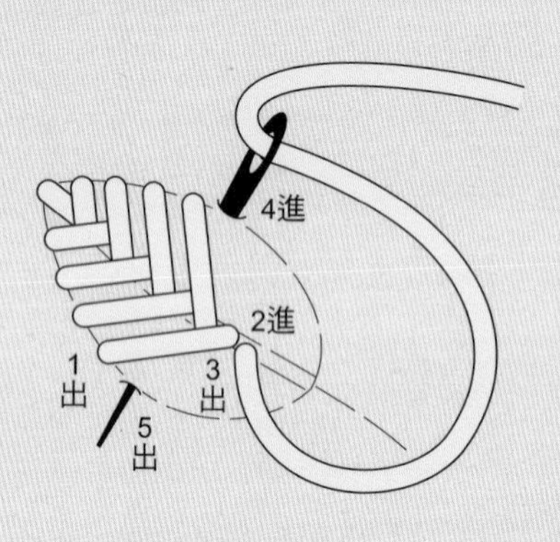

22 魚骨繡C

下針處和A不同。和A一樣，用於
刺繡葉片與花瓣。

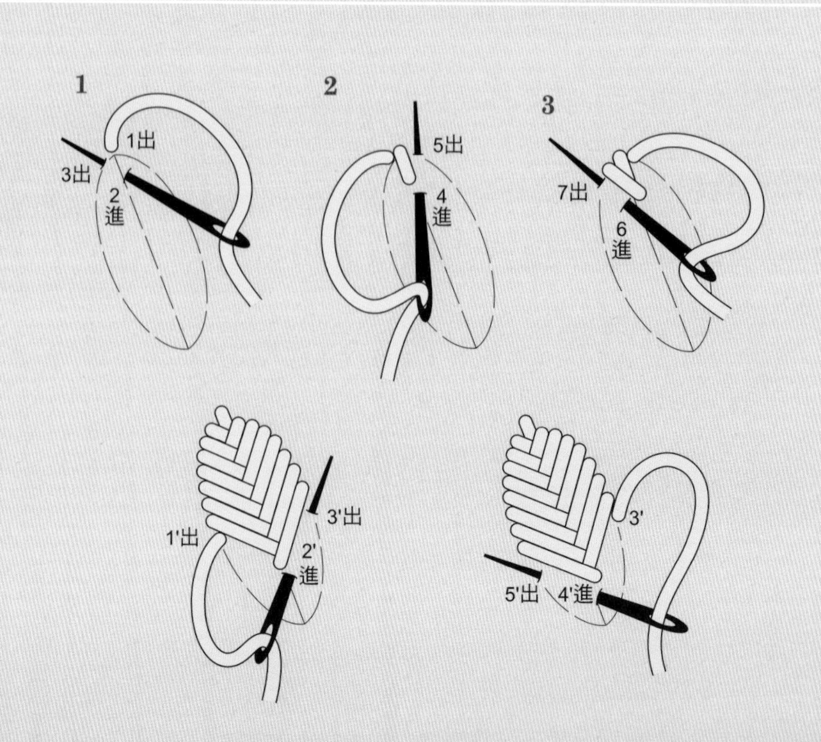

23 鎖鍊繡

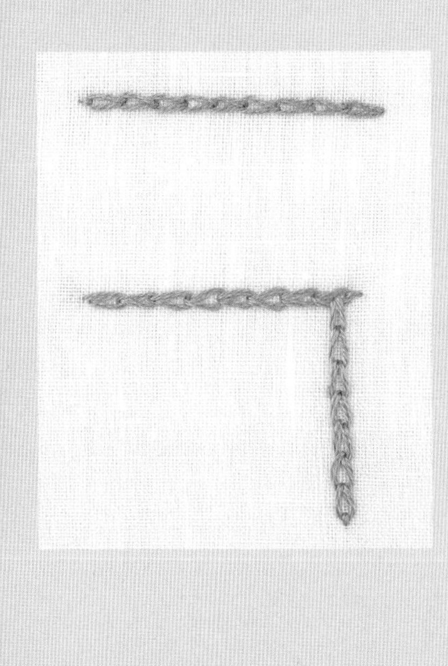

將刺繡掛在線上時，永遠保持固定的方向。

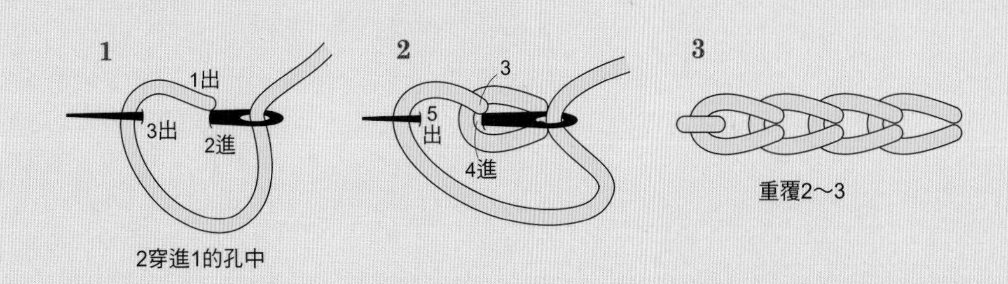

結束刺繡

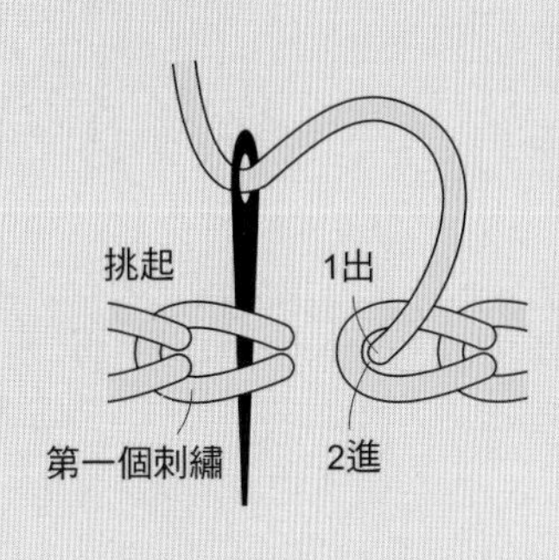

邊角的繡法

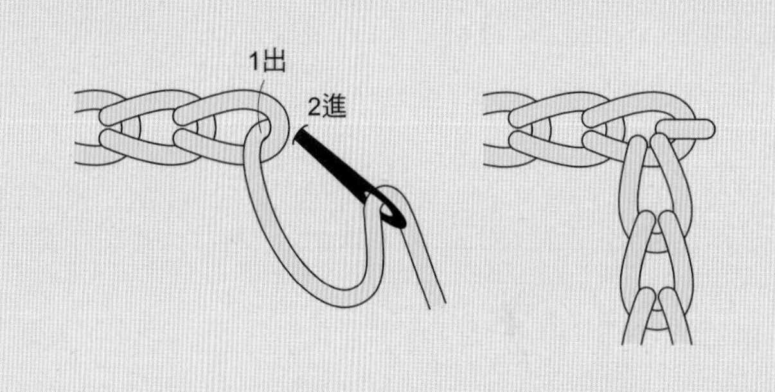

密鎖鍊繡

密鎖鍊繡用鎖鍊繡的方法刺繡，注意下針的位置在4。

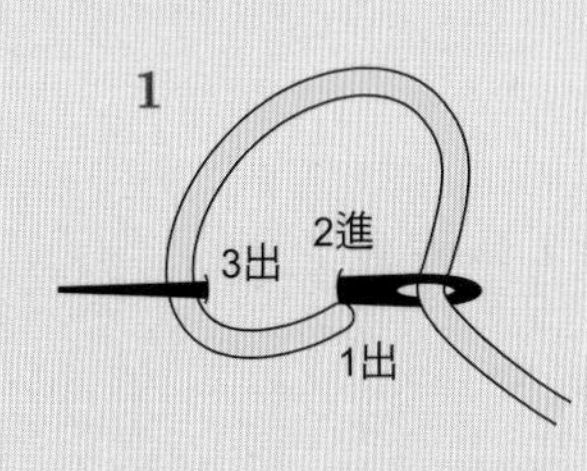

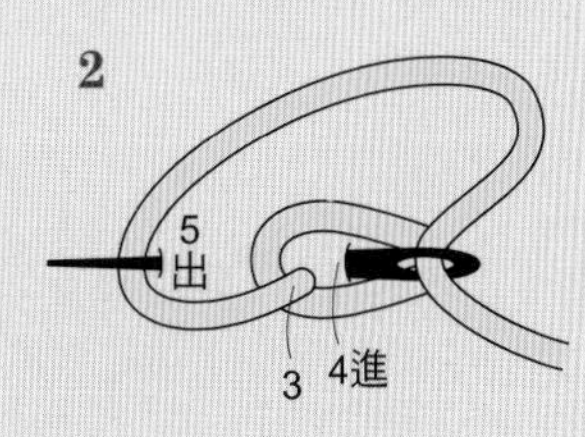

重點提示

繞線的方向

繡線請繞在比較方便的那一邊。重要的是永遠都要保持同一個方向。

鎖鍊繡

捲曲鎖鍊繡

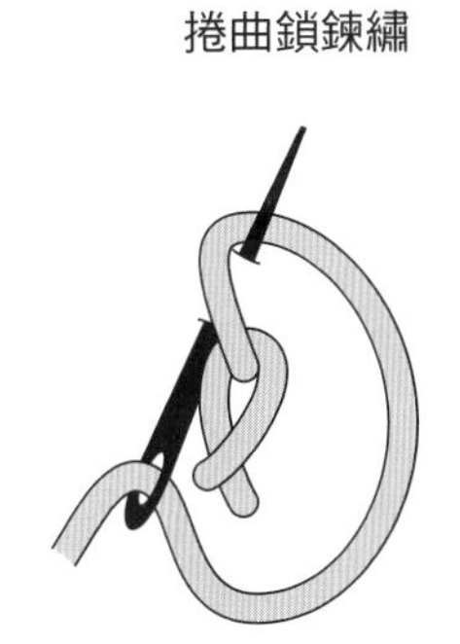

雛菊繡

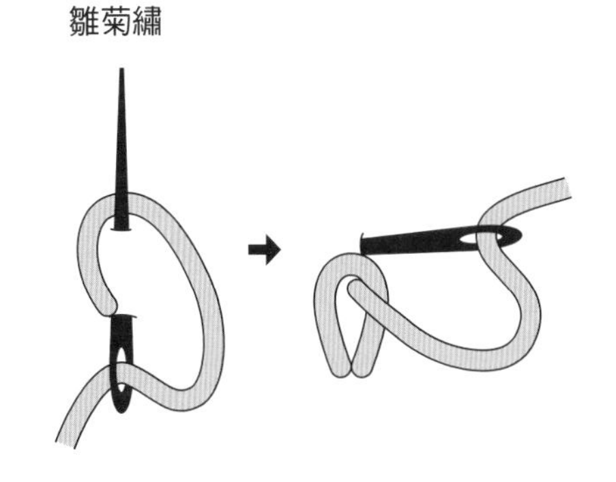

24 雙色交替鎖鏈繡

用1根針和2條不同顏色的繡線交互刺繡。使用雙孔針將會很方便。

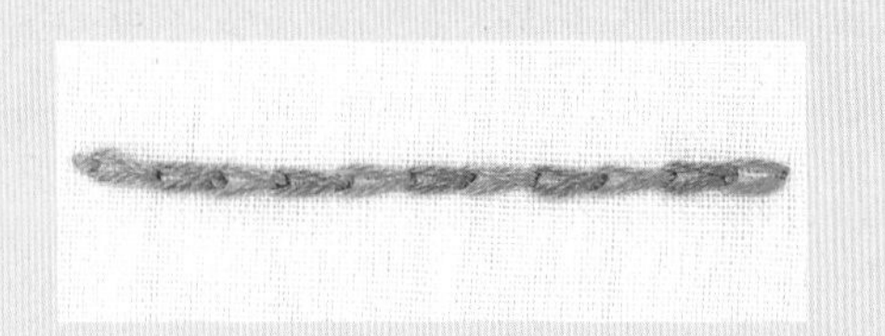

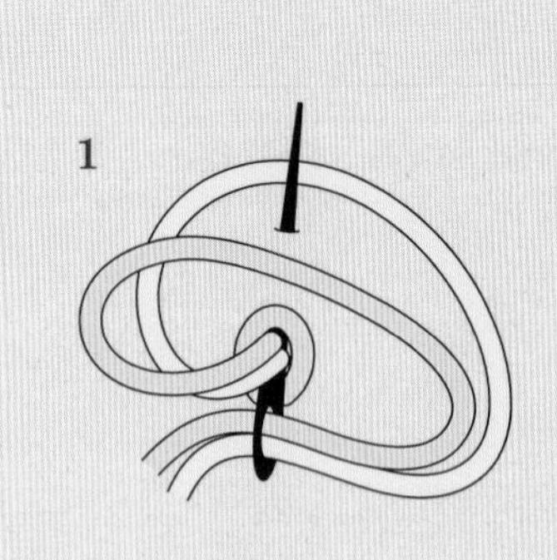

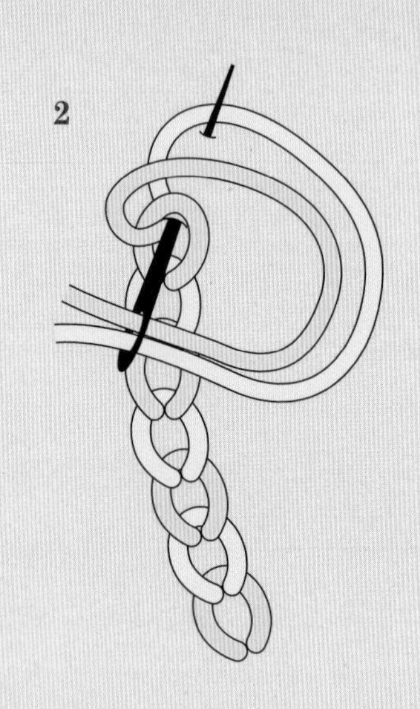

25 破鏈繡

刺繡時將針穿到鎖鏈繡的外面。完成的作品將是一邊有縫隙的鎖鏈。

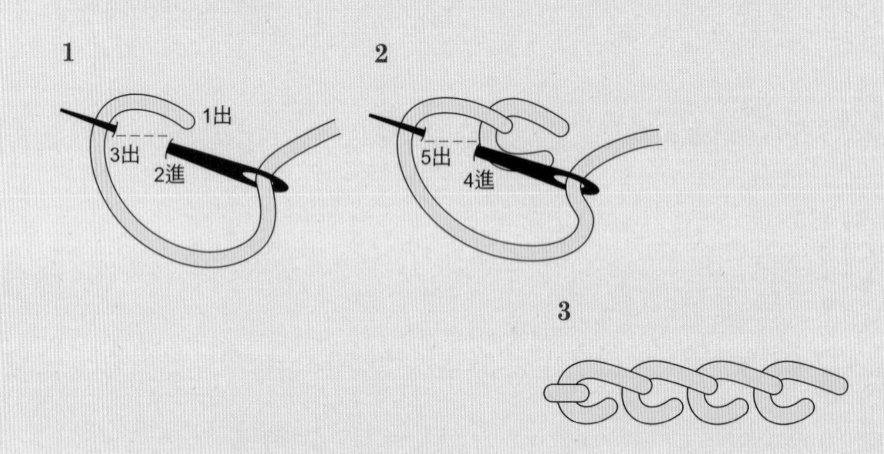

26 開口鎖鏈繡

這種針法將鎖鏈繡的範圍加寬。

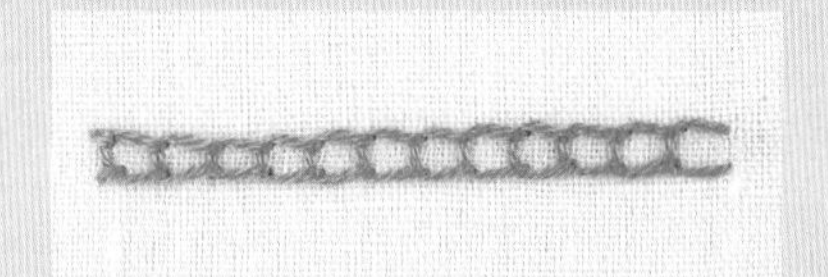

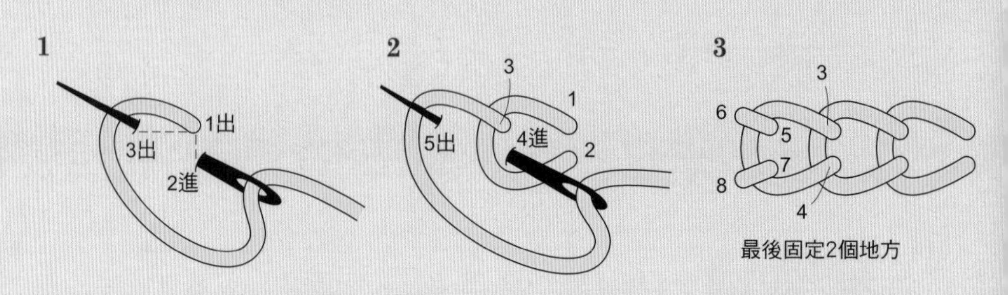

最後固定2個地方

27 捲曲鎖鍊繡

扭轉鎖鏈繡的針法。刺繡時，繡線掛在針的哪一邊都無所謂，但是要一直保持相同的方向。

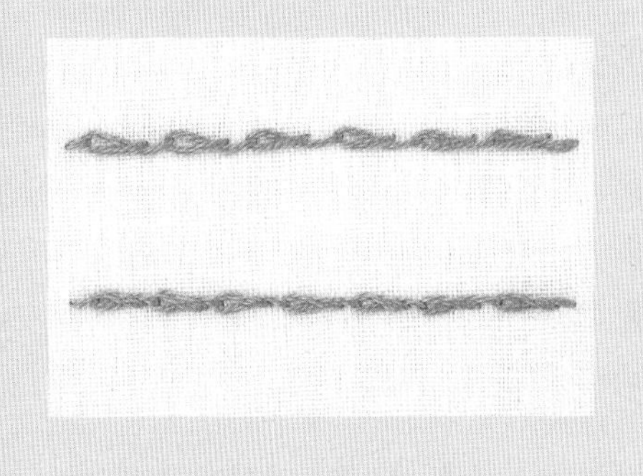

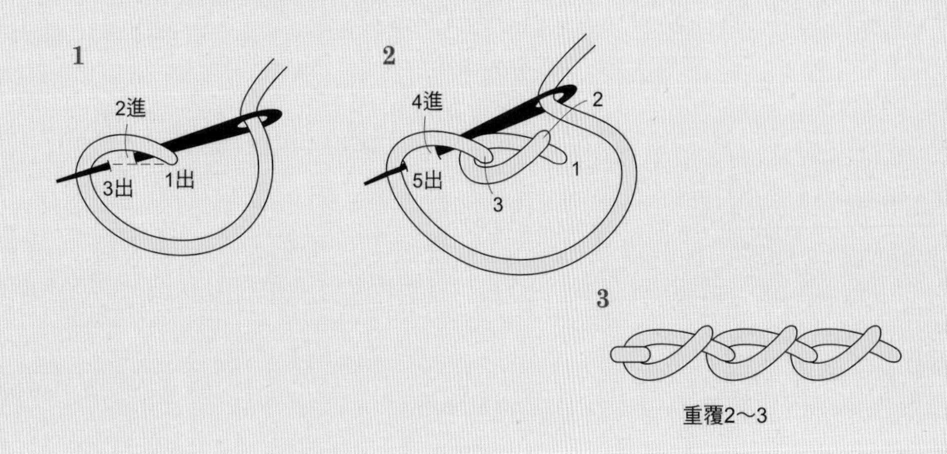

28 纜線鎖鏈繡

將繡線掛在針上再繡2・3。繡起來很像真正的鏈子。

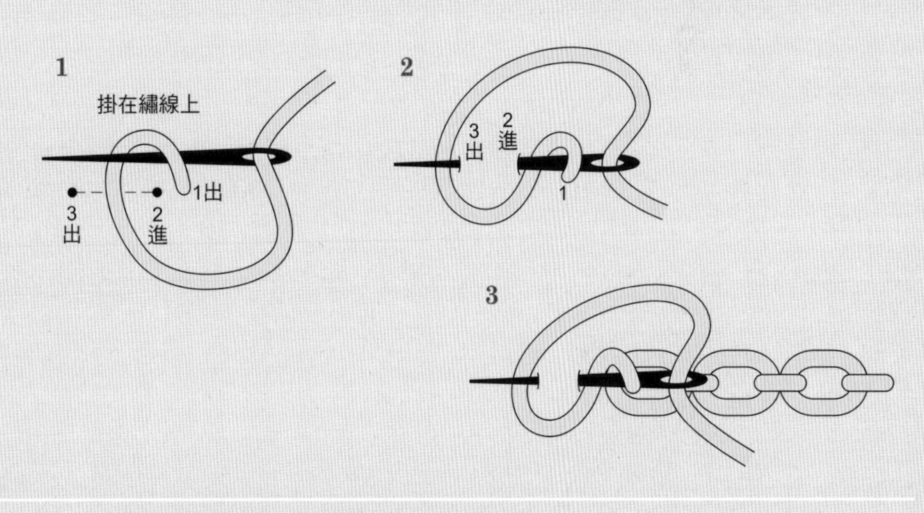

29 雛菊繡

常用於花瓣或葉子。這種針法不管繡線掛在針的哪一邊都可以。

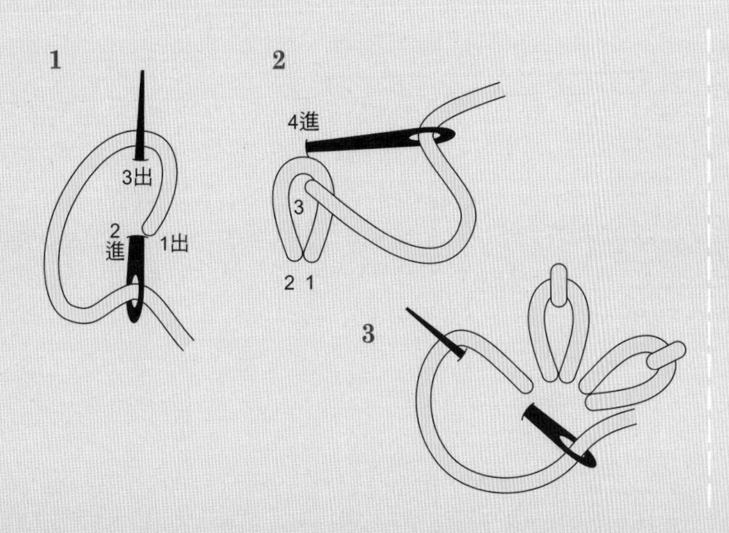

針目比較短

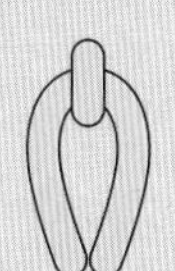

針目比較長

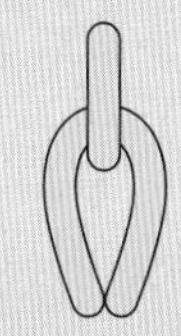

30 雙重雛菊繡

先做一個稍微大一點的雛菊繡，然後在內側再做一個相同的針法。

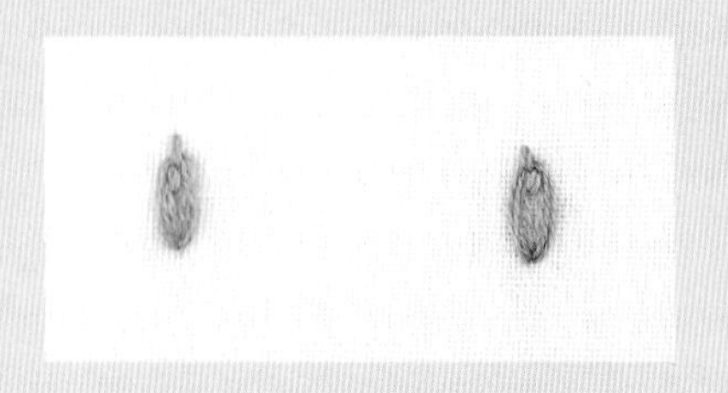

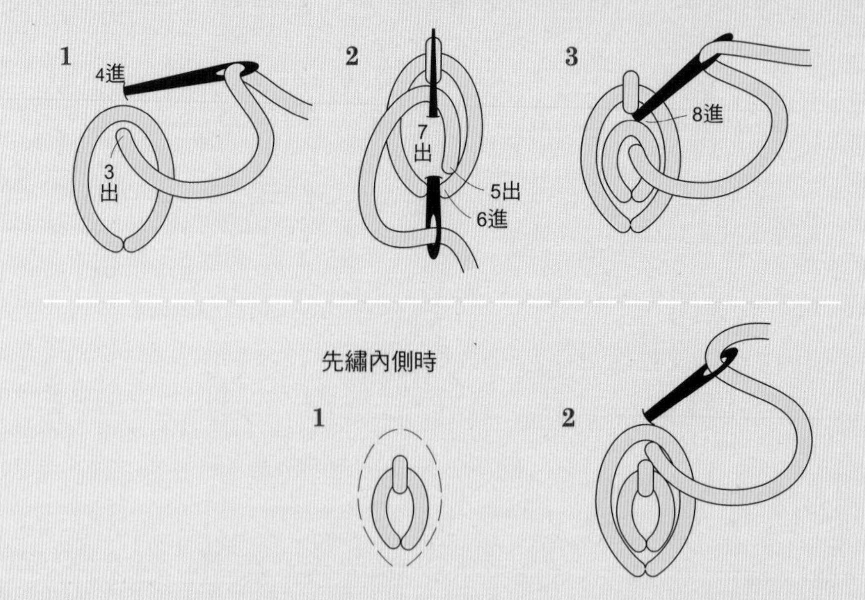

31 種子繡

一個小小的鎖鏈繡，再把繡線往正上方拉，將針穿入根部。形狀就像小小的種子。

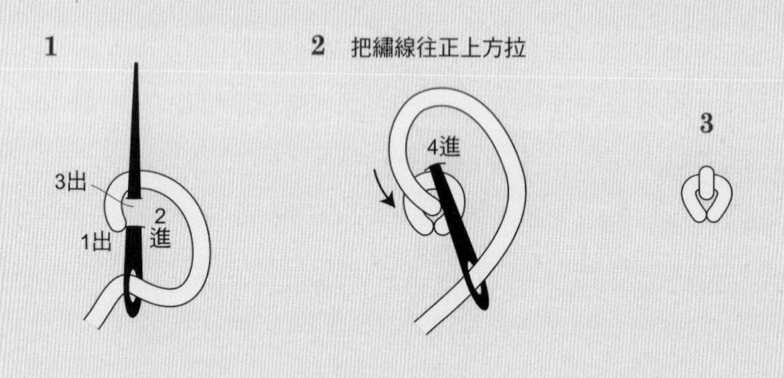

32 花瓣繡

將雛菊繡的針腳交叉的針法。用於花瓣或葉子等等。

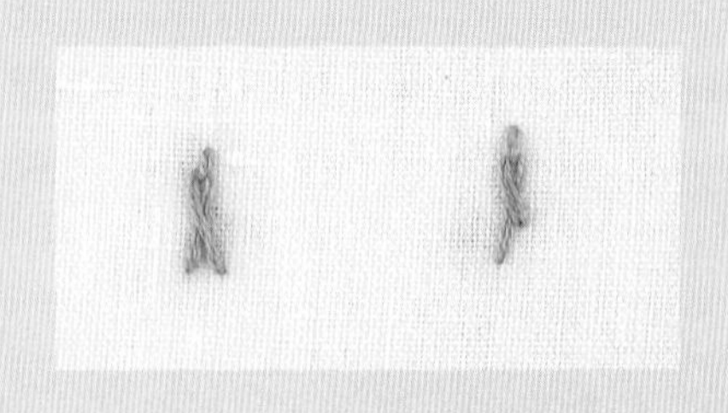

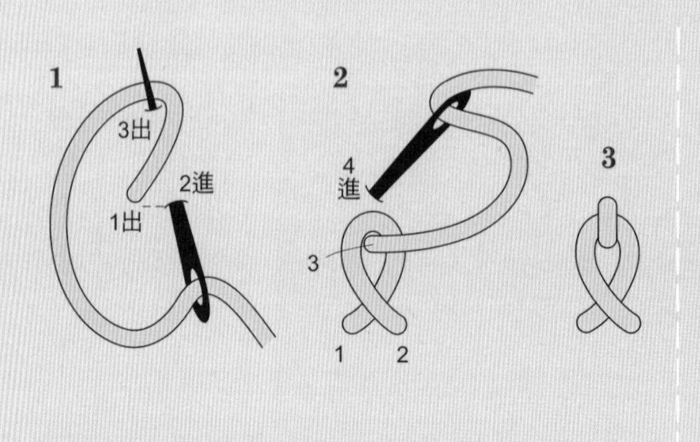

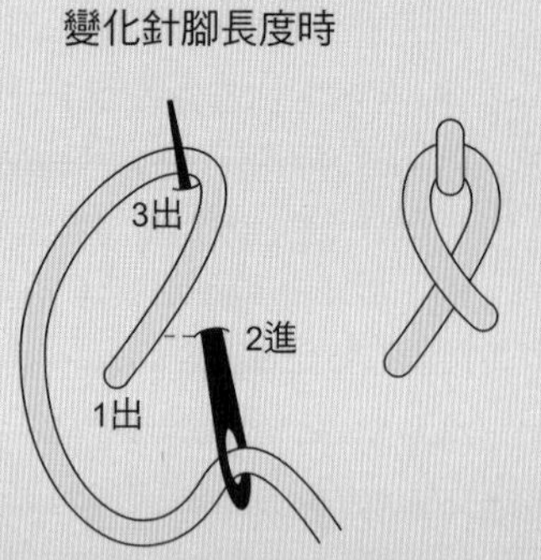

33 葉子繡

這是一種經常用來繡葉子的針法。可以配合圖案，接著繡飛舞繡。

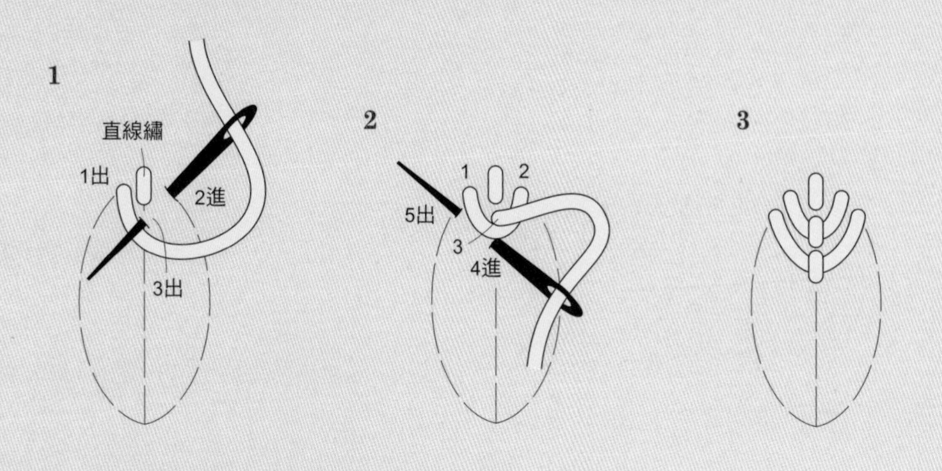

34 羽毛繡

將飛舞繡連續往左・右刺繡的針法。請不要把繡線拉得太緊。改變1・2・3的位置或間隔，即可以繡出有弧度或有動感的圖案。

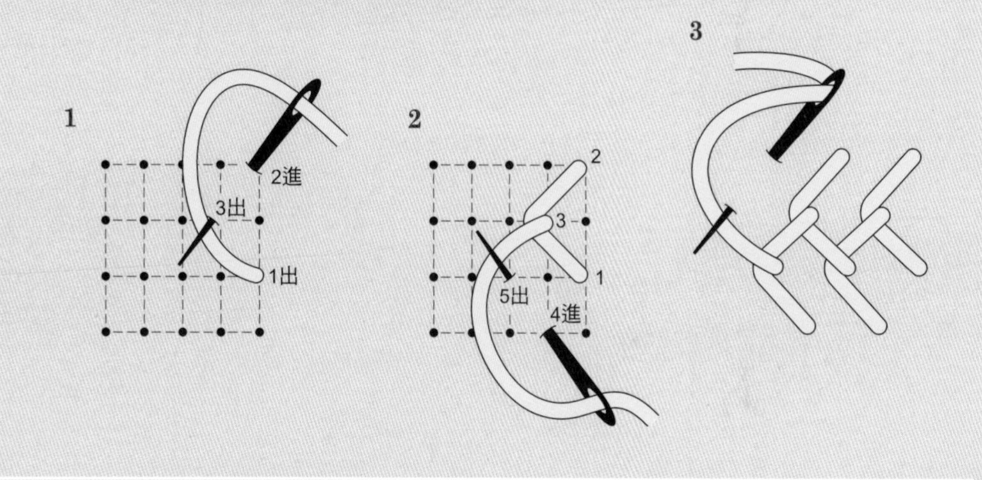

35 雙重羽毛繡

鋸齒狀地繡羽毛繡。

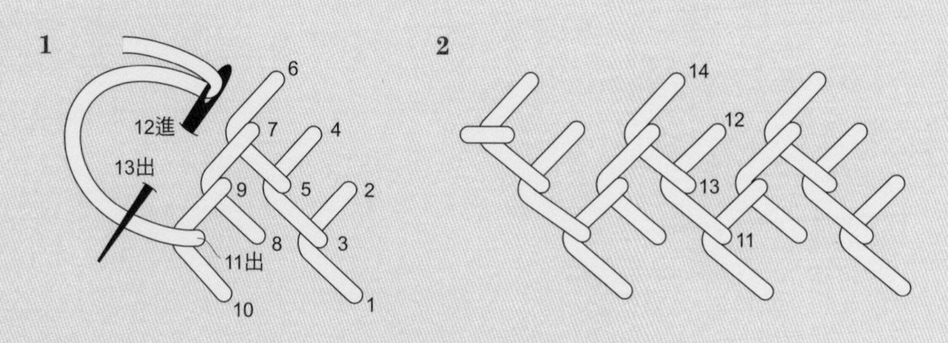

36 飛舞繡

可以單獨繡，也可以連續繡。

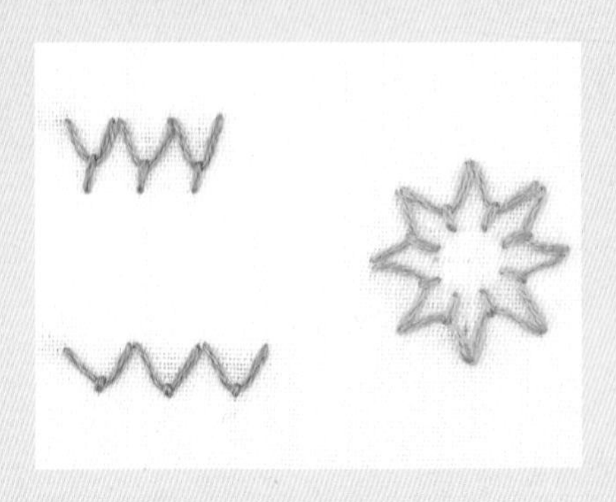

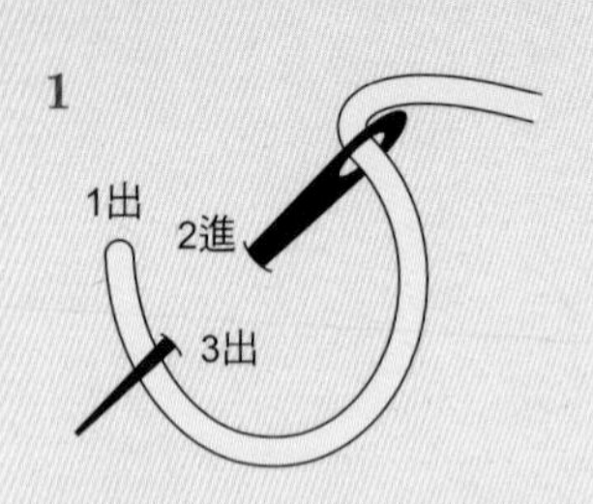

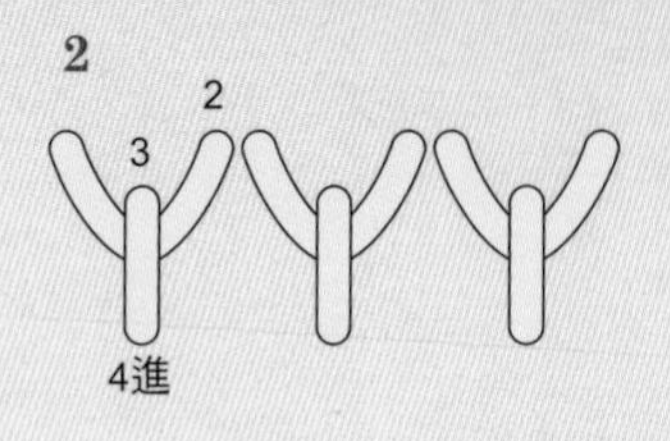

針目比較短

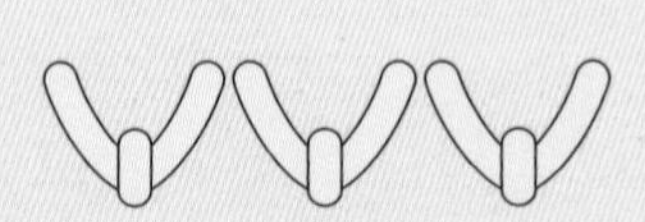

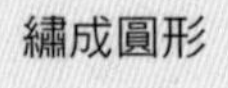

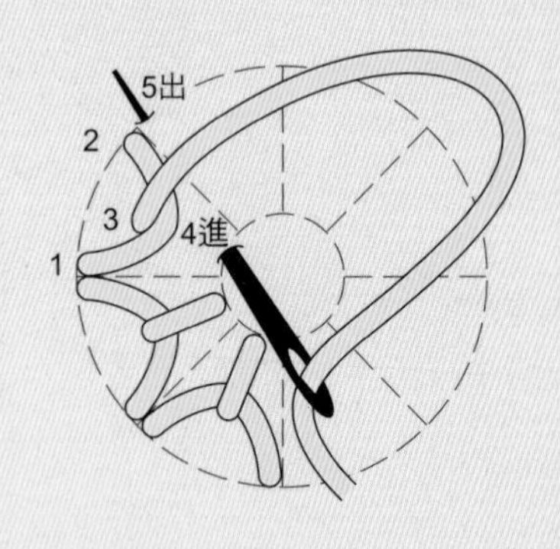

37 毛邊繡

又稱為扣眼繡。刺繡時保持固定的間距。做貼布繡的時候，間距要緊密一點。還有各種變化。

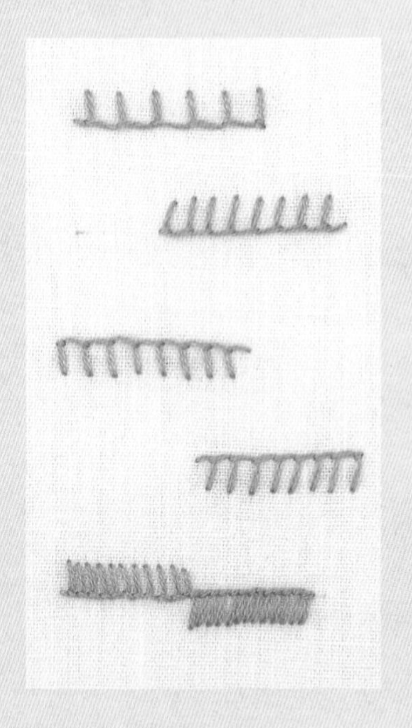

基本的繡法

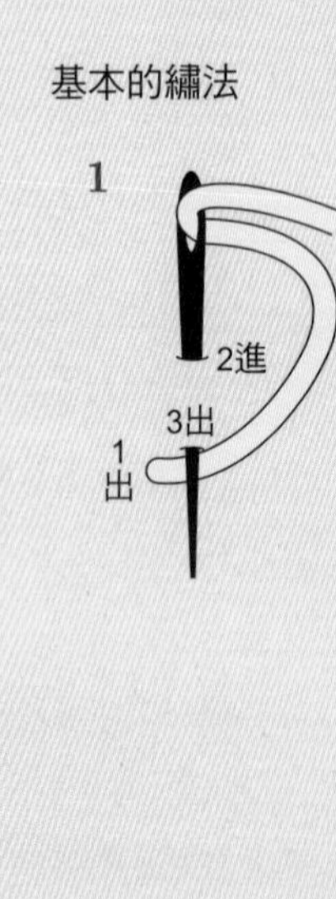

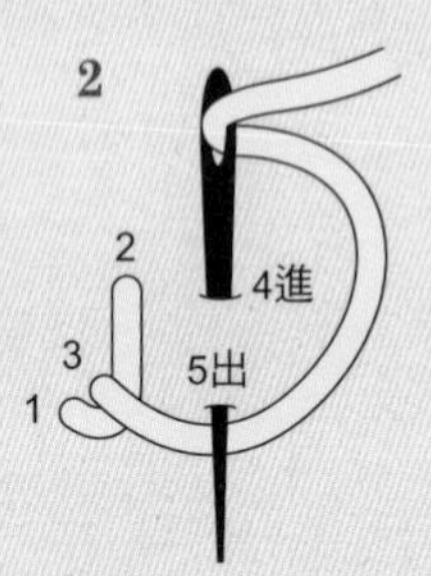

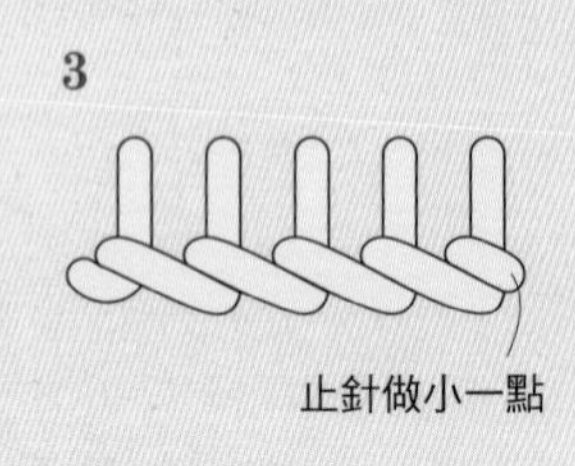

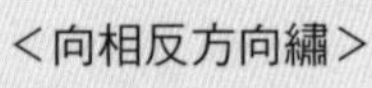

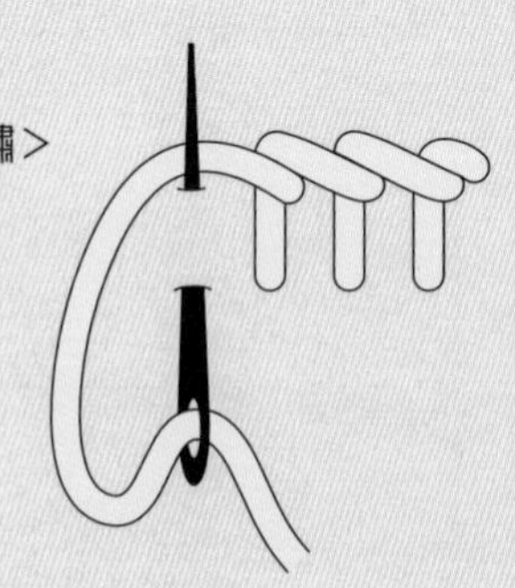

間距緊密的針法

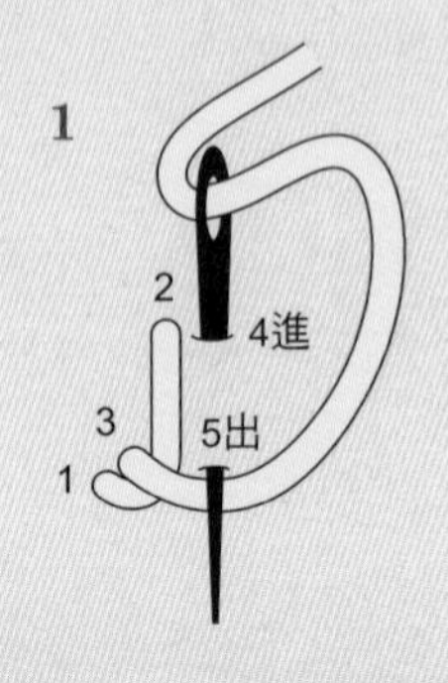

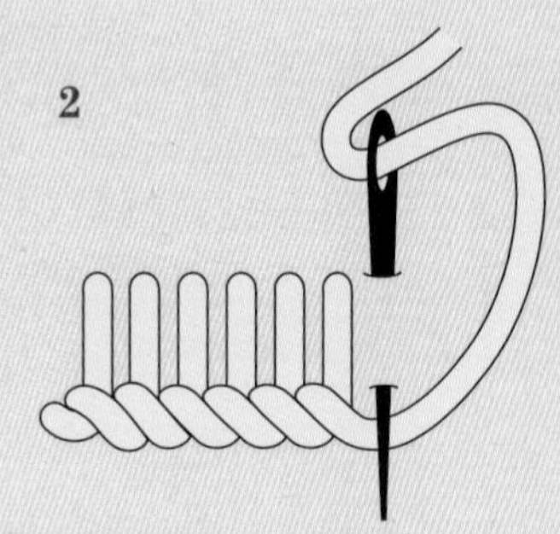

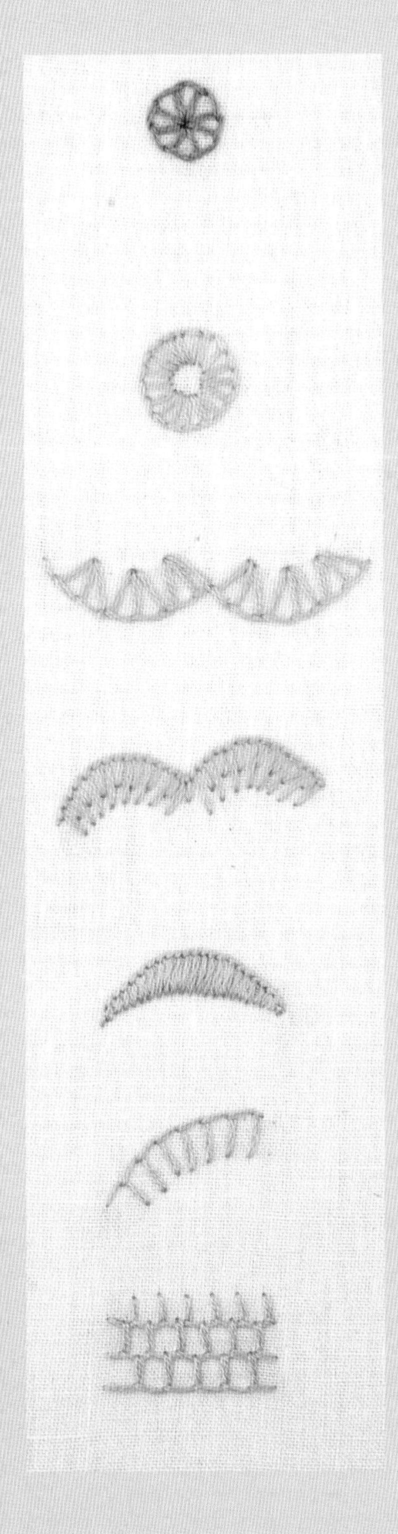

繡一圈時

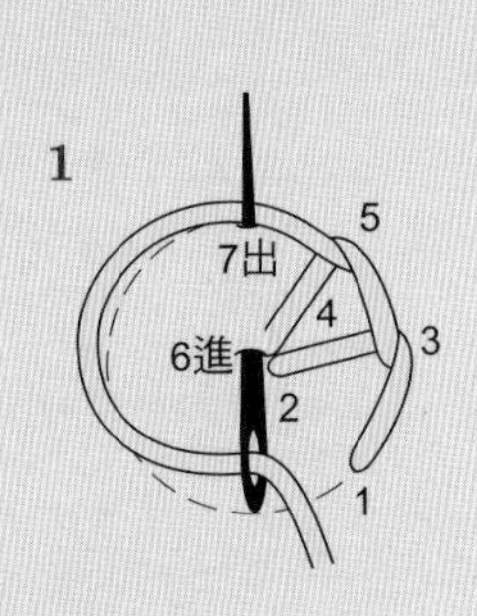

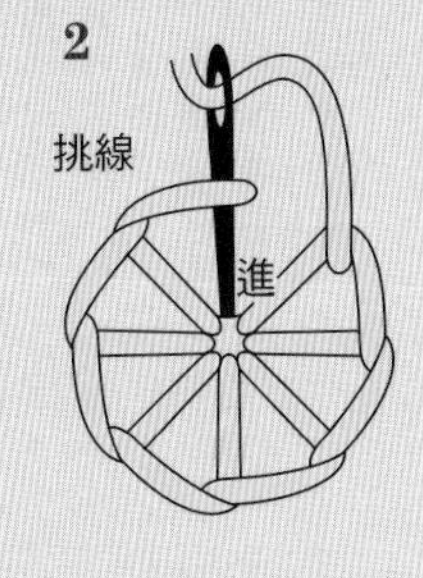

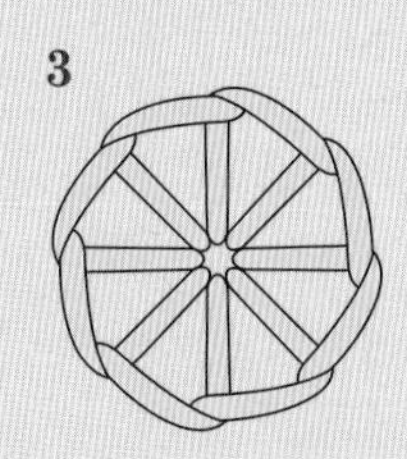

間距緊密的針法

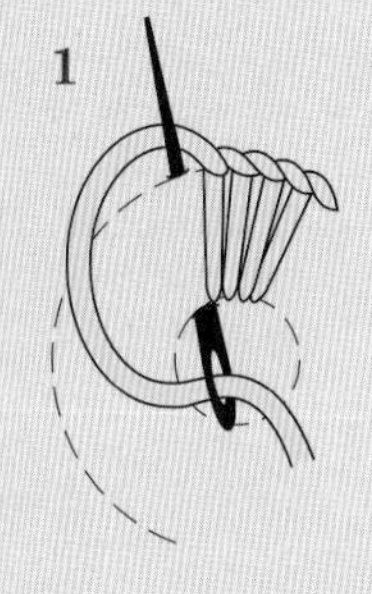

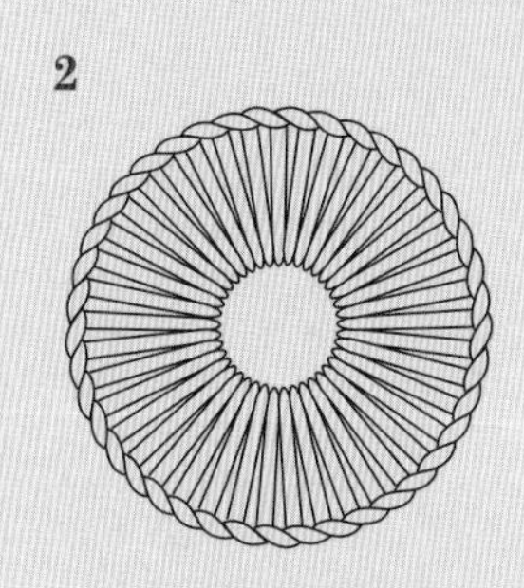

繡成弧形時

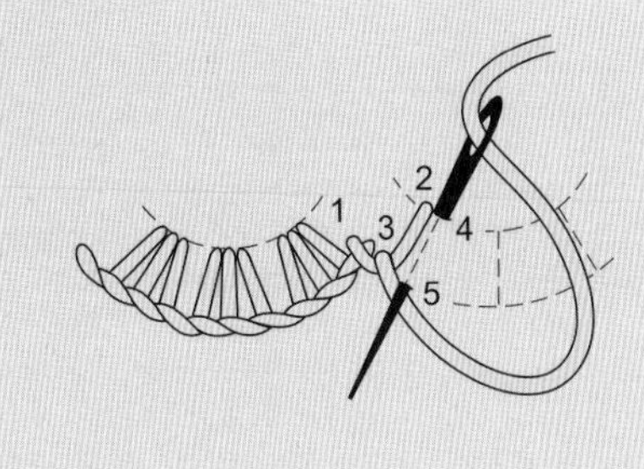

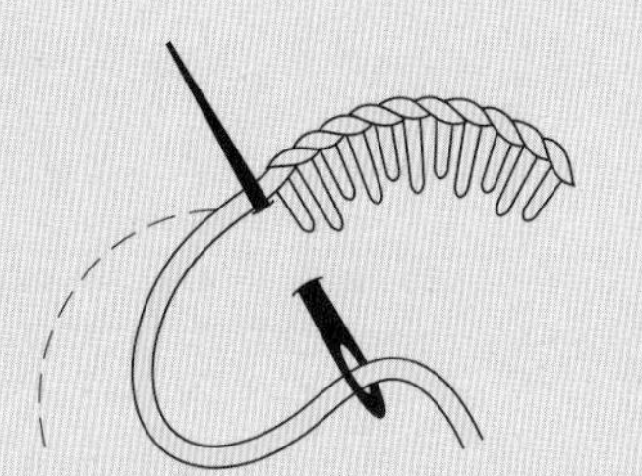

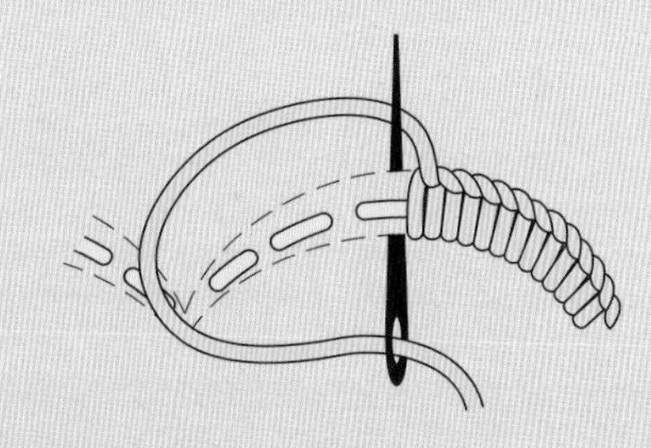

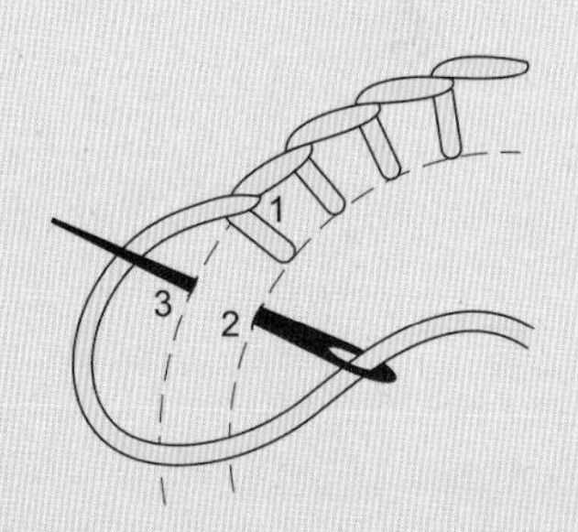

毛邊鋪底繡

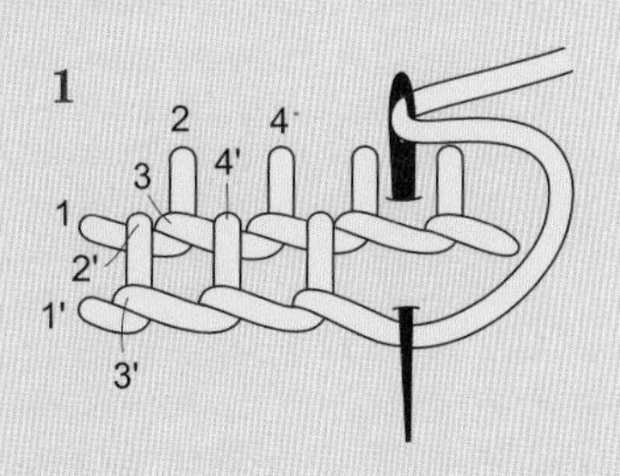

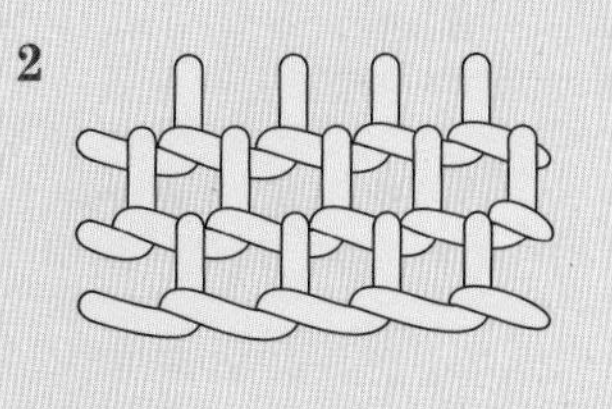

38 直線羽毛繡

上、下平行刺繡的羽毛繡

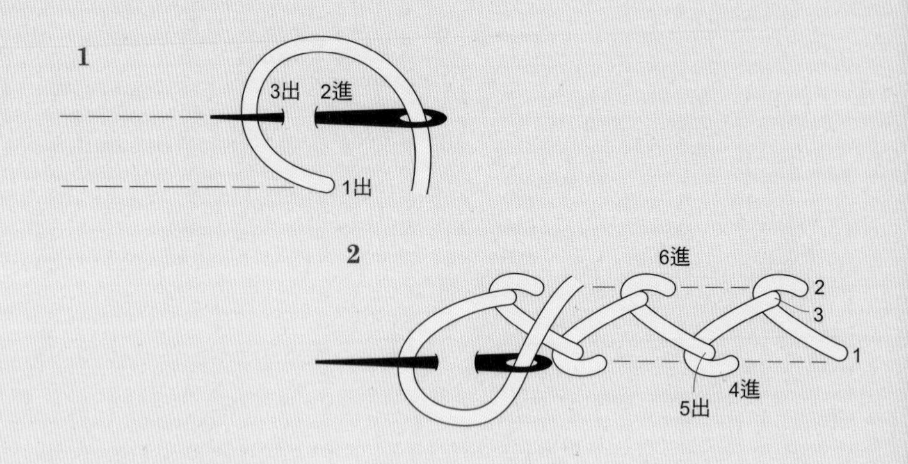

39 交叉羽毛繡

間距比較緊密的羽毛繡。

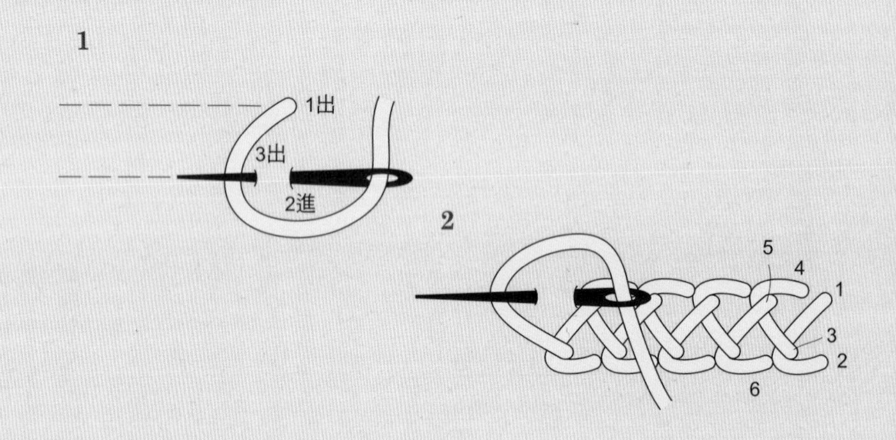

40 蛇紋羽毛繡

將毛邊繡沿著波浪改變方向的針法。

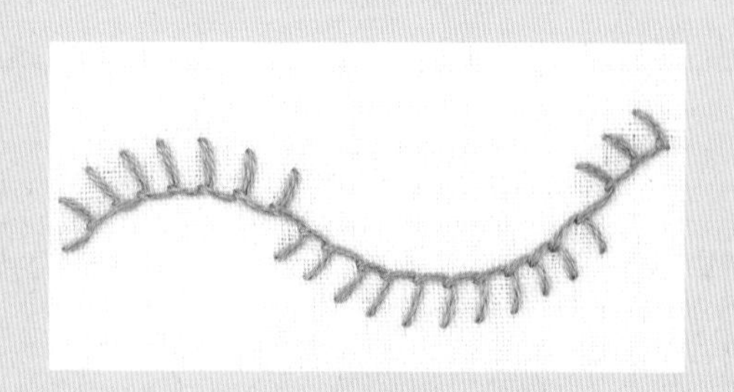

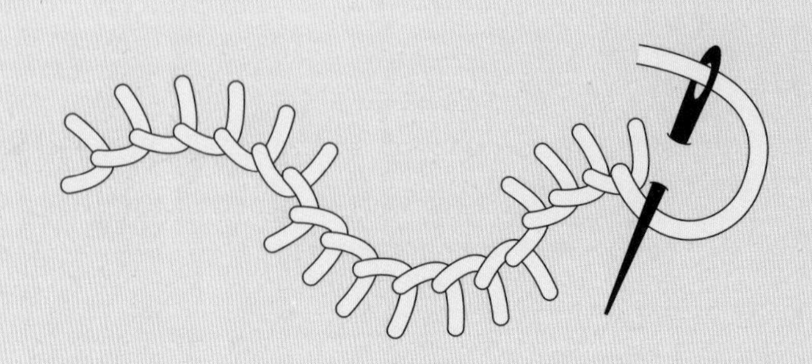

41 克里特繡

變形的羽毛繡，可用於填滿較大的葉片等等。先畫指引線再刺繡，作業比較方便。

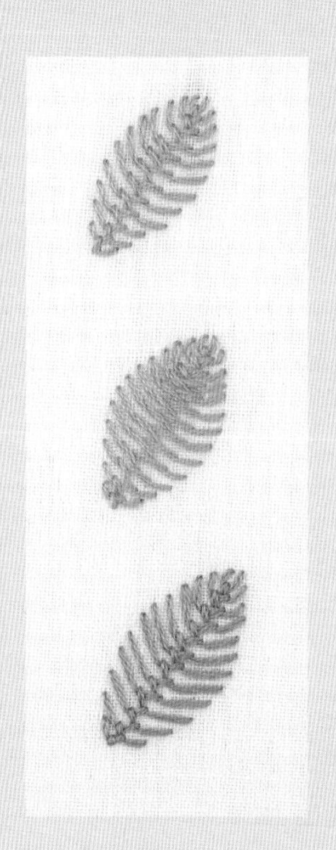

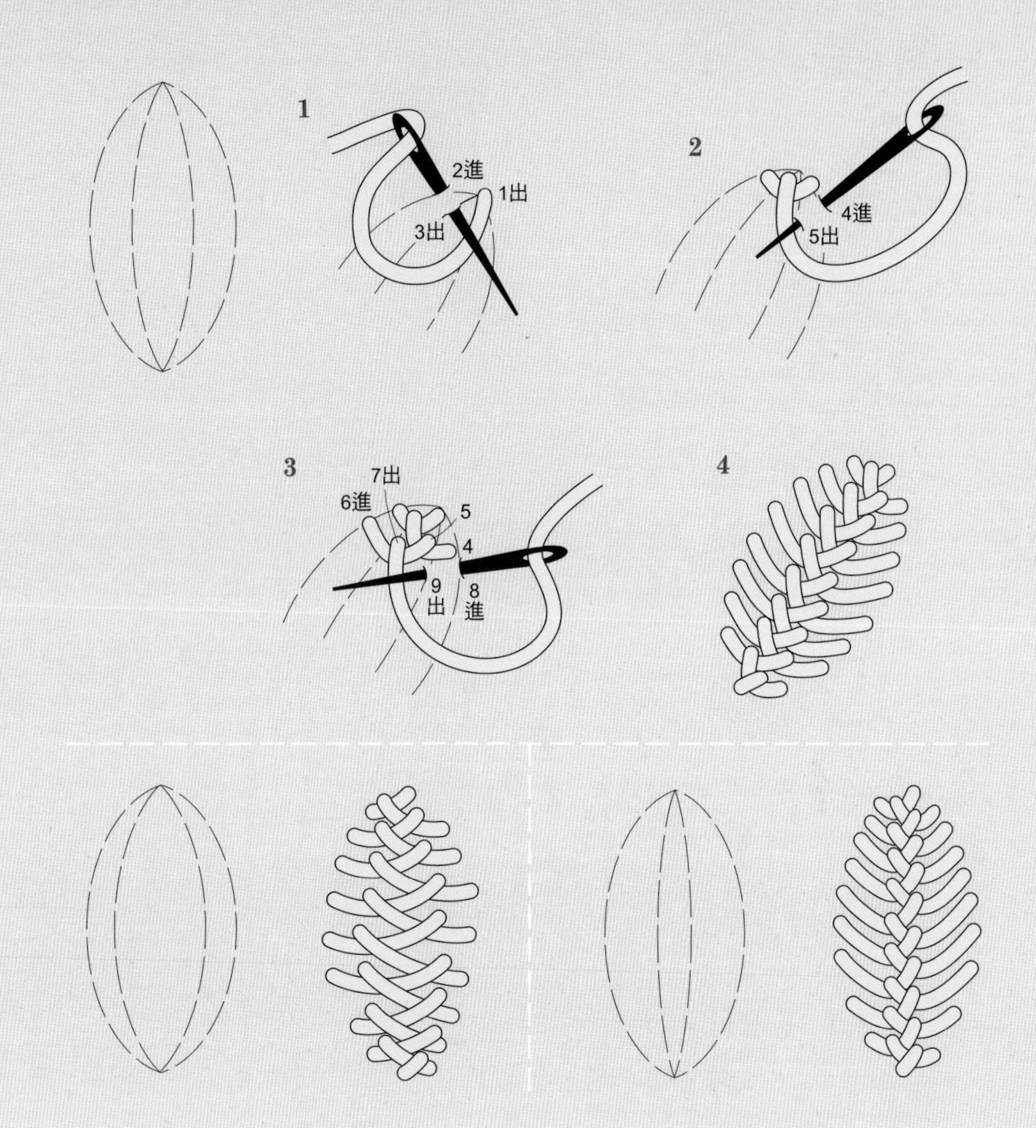

42 密克里特繡

刺繡時將克里特繡繡得比較緊密。

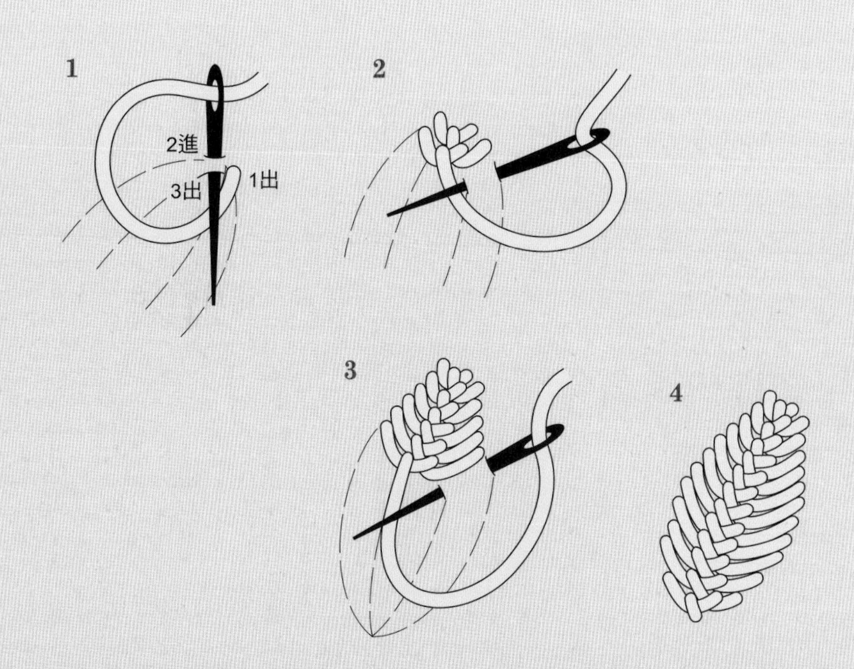

43 玫瑰花圈繡

沿著2條平行的指引線，斜斜地入針進行刺繡。想要繡成圓形時，可以先把點畫出來，比較好繡。將繡線掛在從 2 到3的針上，不要移動這個部分，用手指壓住，再把針抽出來。

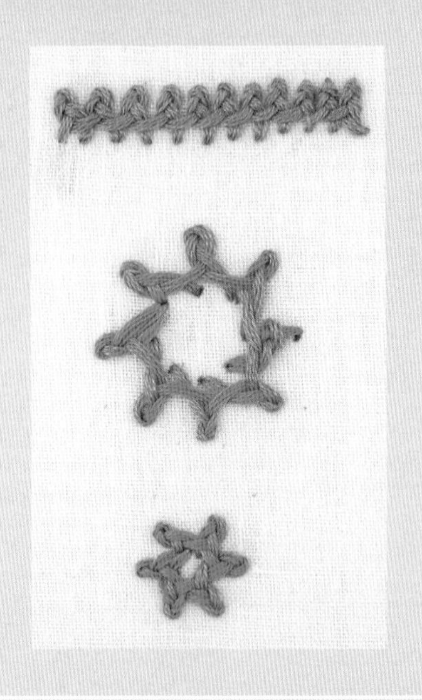

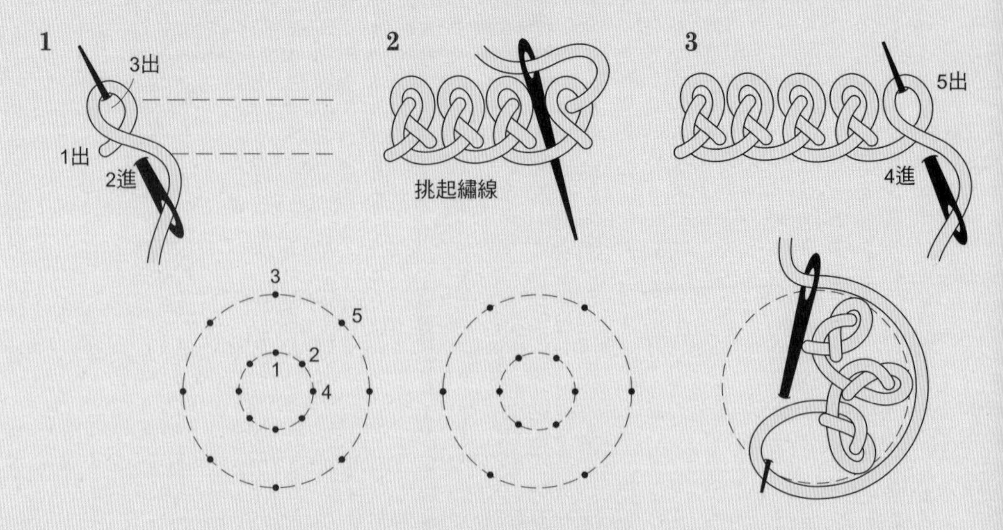

44 髮辮繡

做一個環再繡2．3，再做一個環，然後重覆2．3。繡得密一點的話，看起來比較有份量。

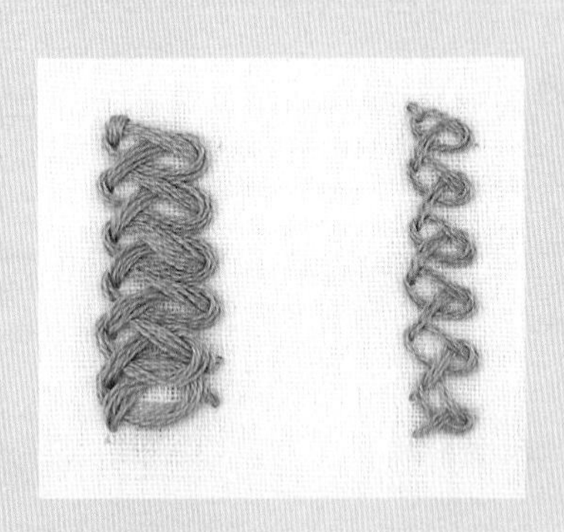

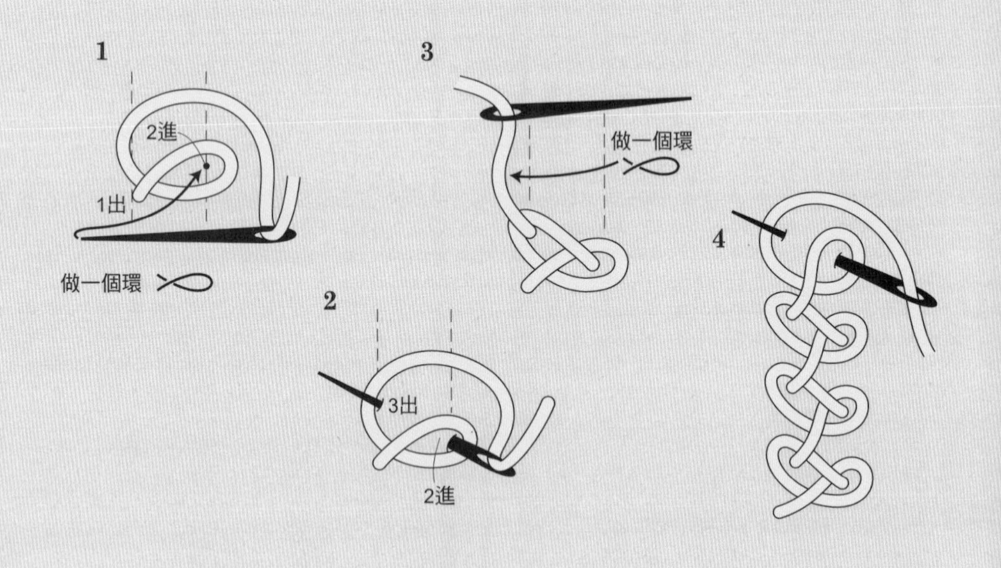

45 繩索繡

將繡線掛在從2到3的針上，不斷刺繡。下一針要蓋過剛開始做的環。這種繡法有一邊會比較厚。

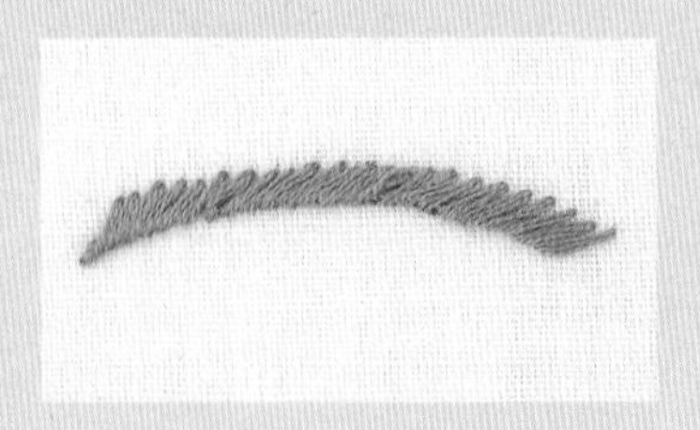

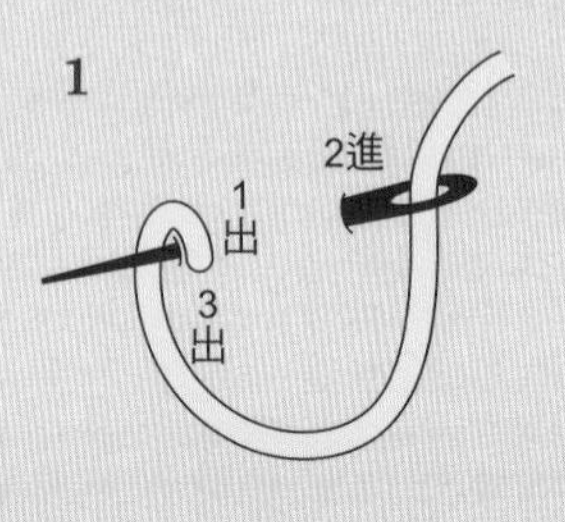

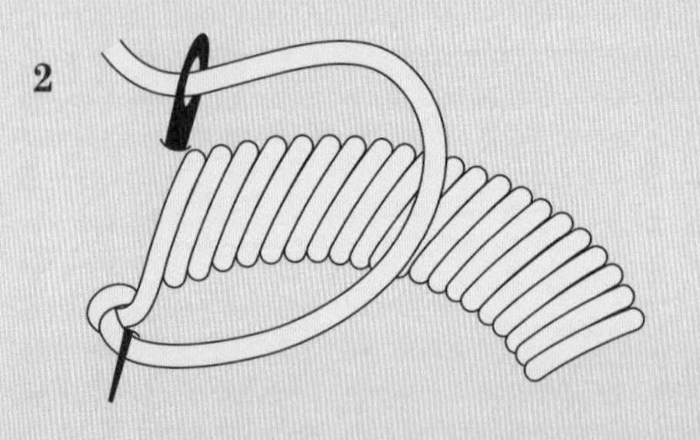

46 法式結粒繡

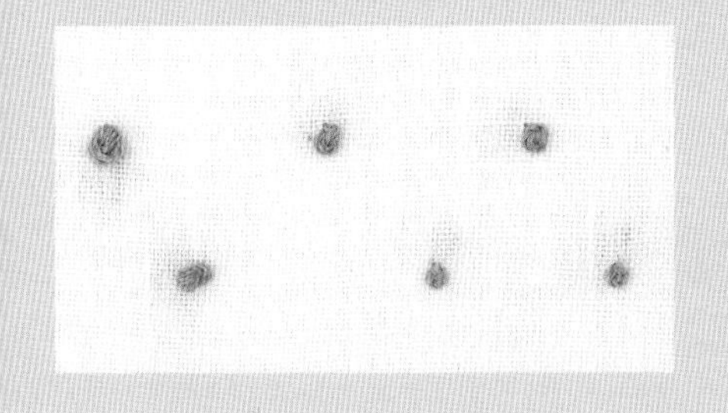

依自己想做的結粒大小，可以用繡線在針上繞1~2次，或數次。將針穿入緊鄰剛才穿出來的地方，把線拉緊，再從下方抽針。繞的次數和線的股數將會改變結粒的大小。

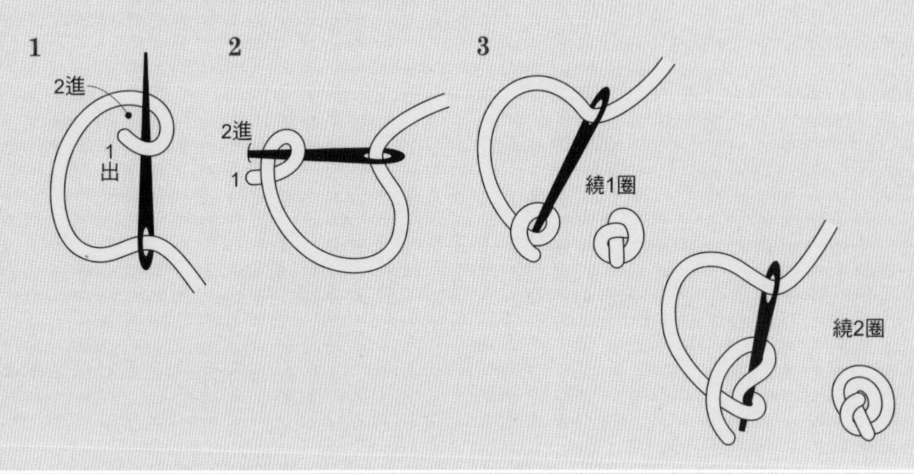

47 八字結粒繡

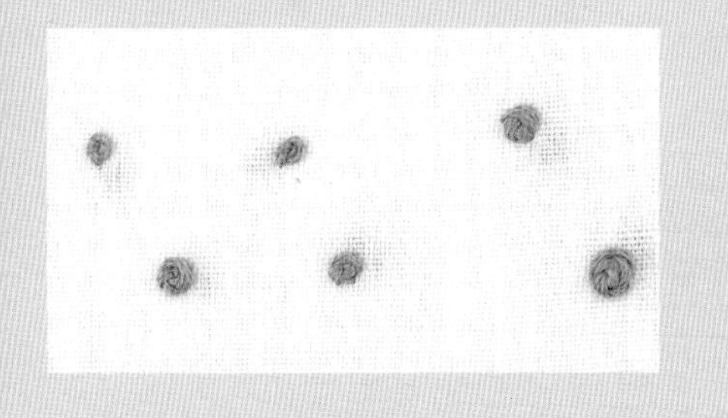

手持繡線，用針挑起繡線，如2所示將繡線掛在針上。將針穿入緊鄰剛才穿出來的地方，把線拉緊，再從下方抽針。繞的次數和線的股數將會改變結粒的大小。

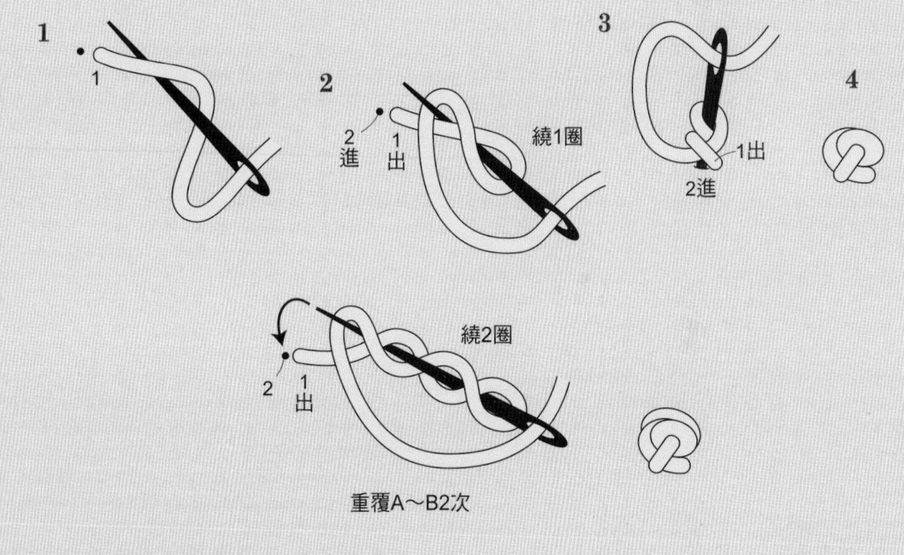

48 直針打結繡

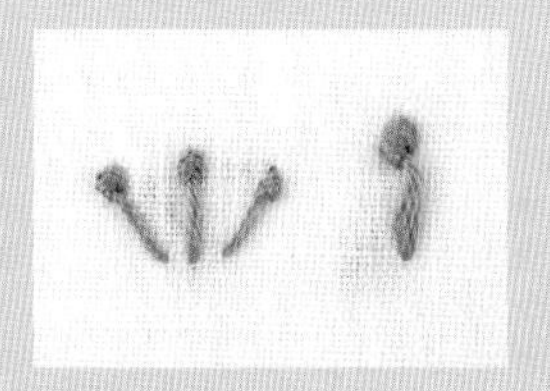

在直線繡的尖端做一個結粒繡的針法。

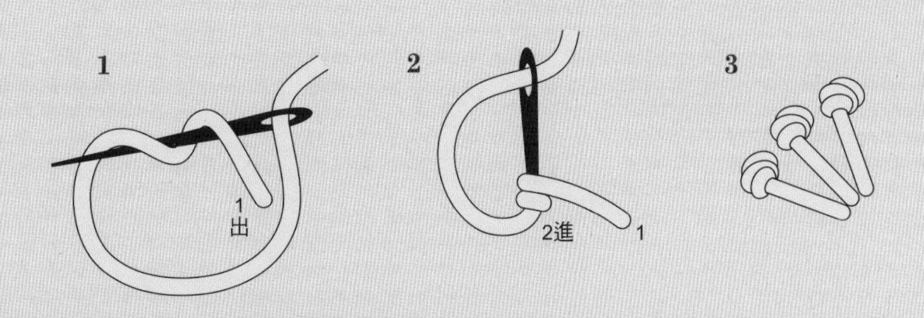

49 四足結粒繡

中央的結目，是挑起從1到2的繡線做成的。

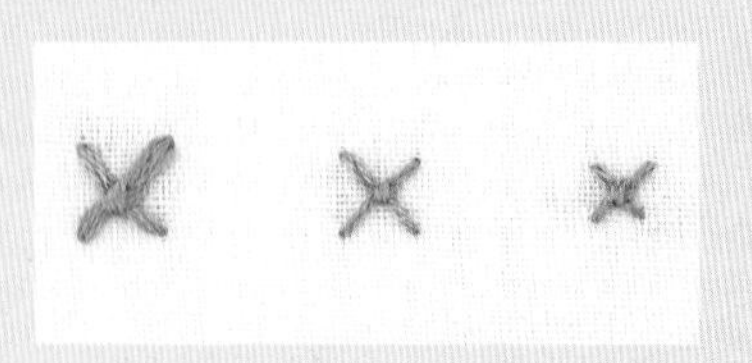

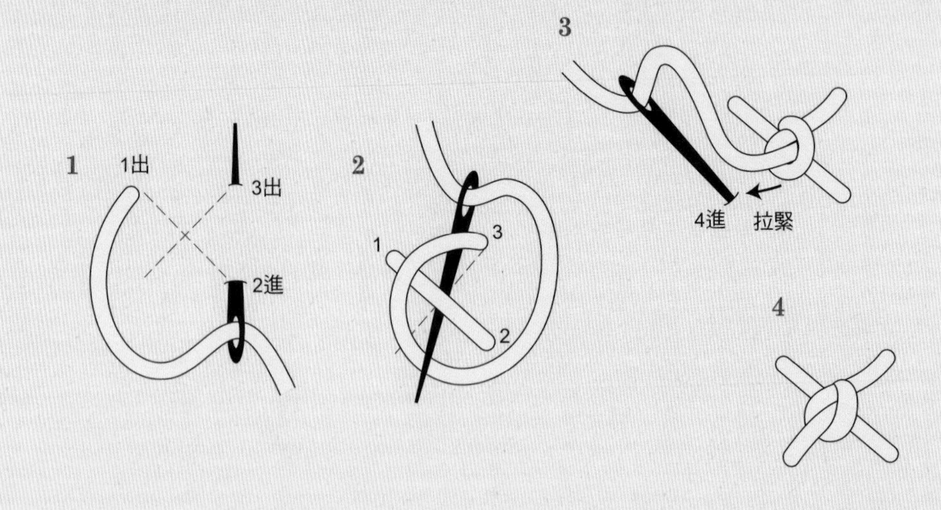

50 德式結粒繡

量感比法式結粒繡豐富。

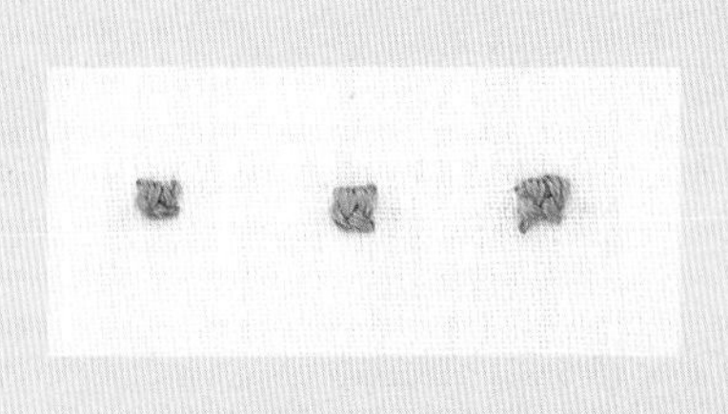

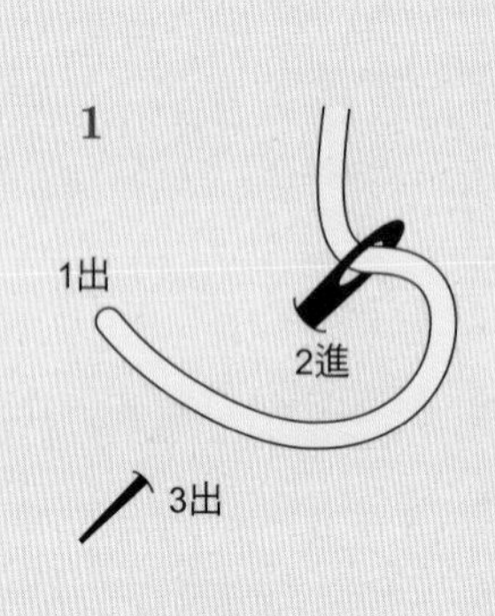

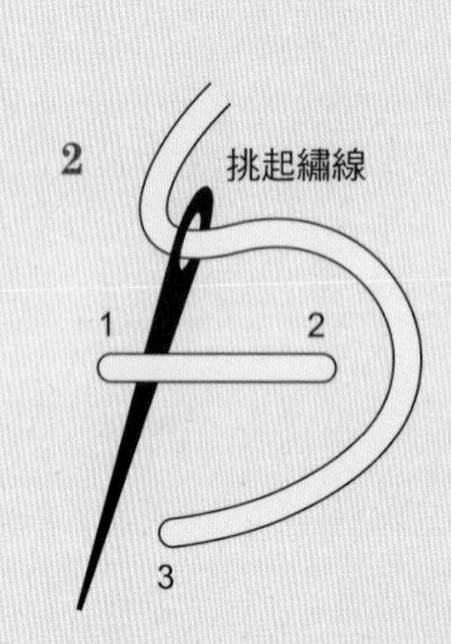

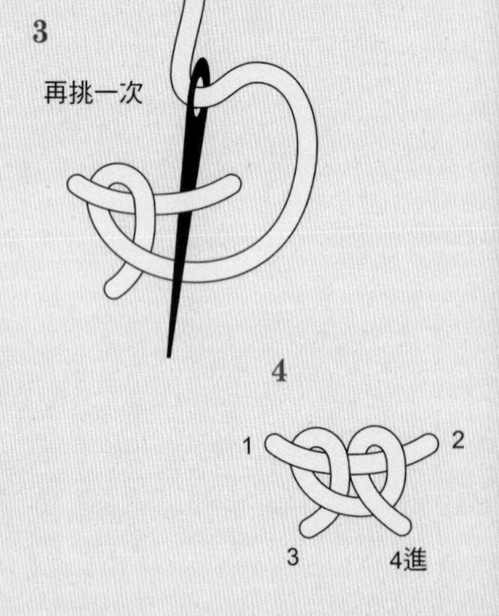

51 雙重飛舞繡

在飛舞繡的上面再掛一次繡線，這個時候不用挑起下方的布。

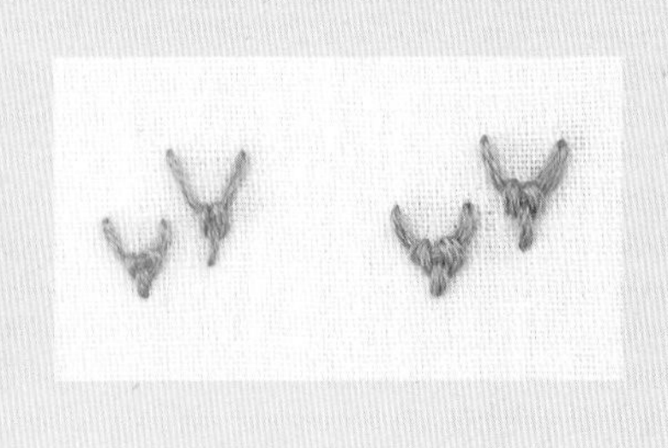

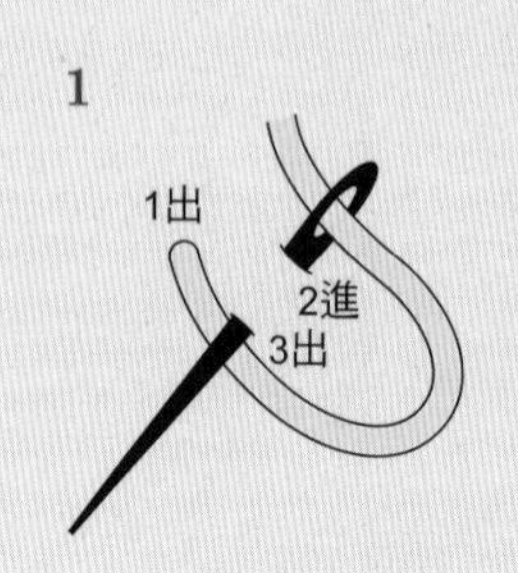

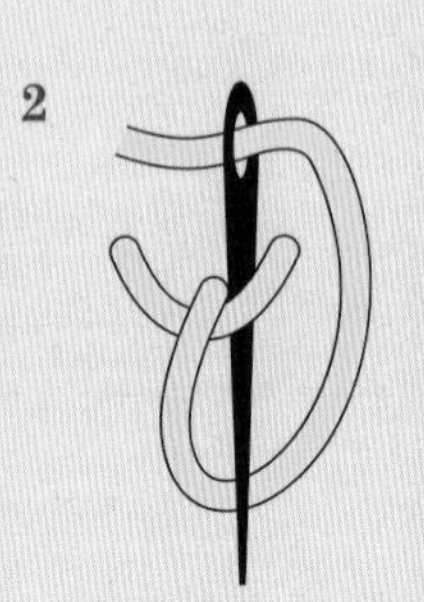

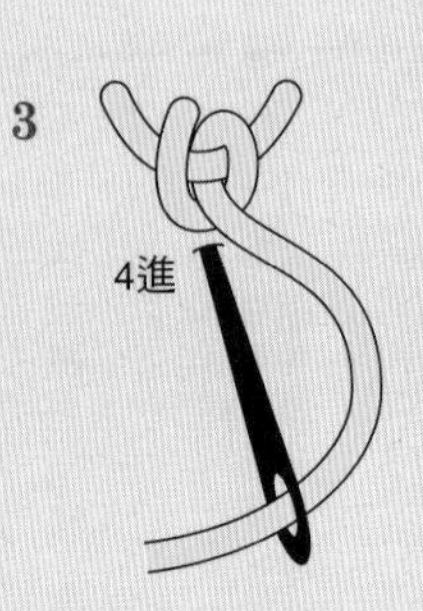

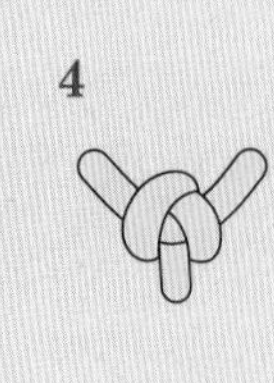

52 纜繩繡（橫）

連續做德式結粒繡的針法。

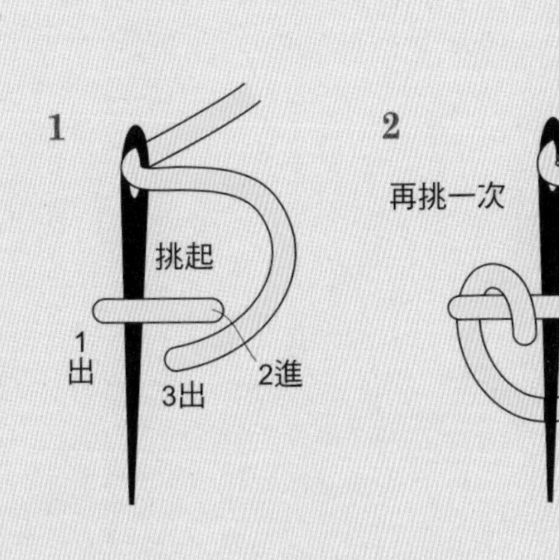

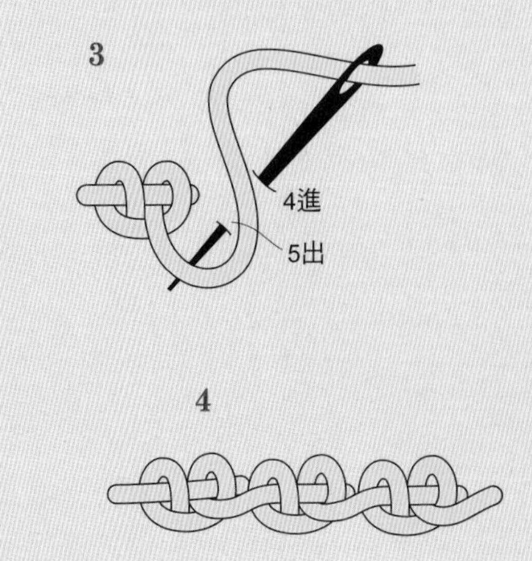

53 纜繩繡（直）

連續做德式結粒繡的針法，又稱為蕾絲裝飾繡。

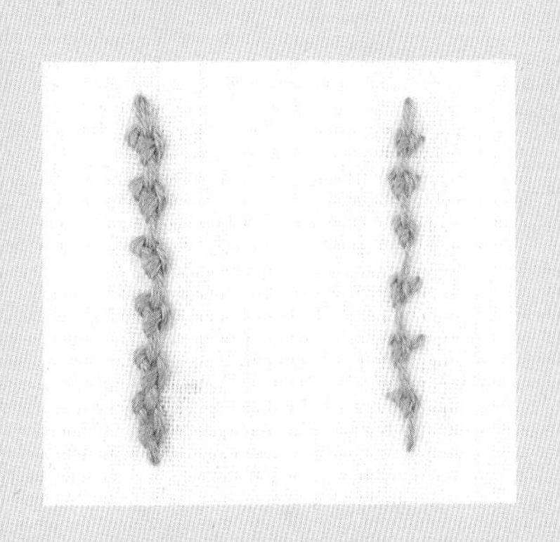

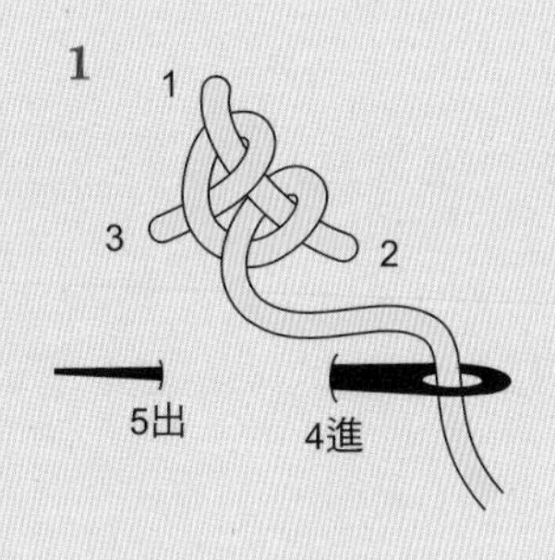

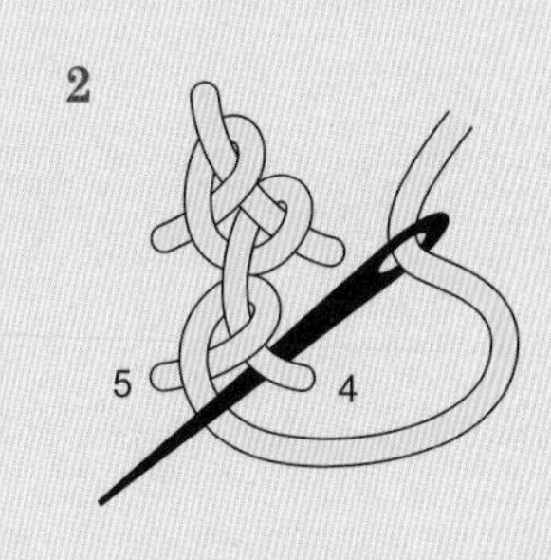

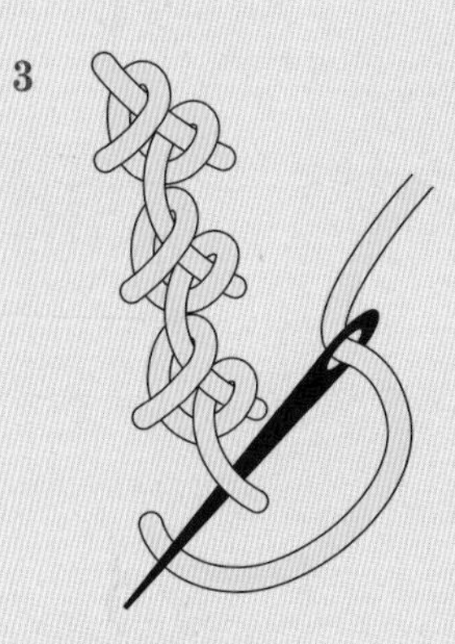

54 捲線繡

這種針法看起來很像金屬絲線。
繡線要均等地捲在針上。

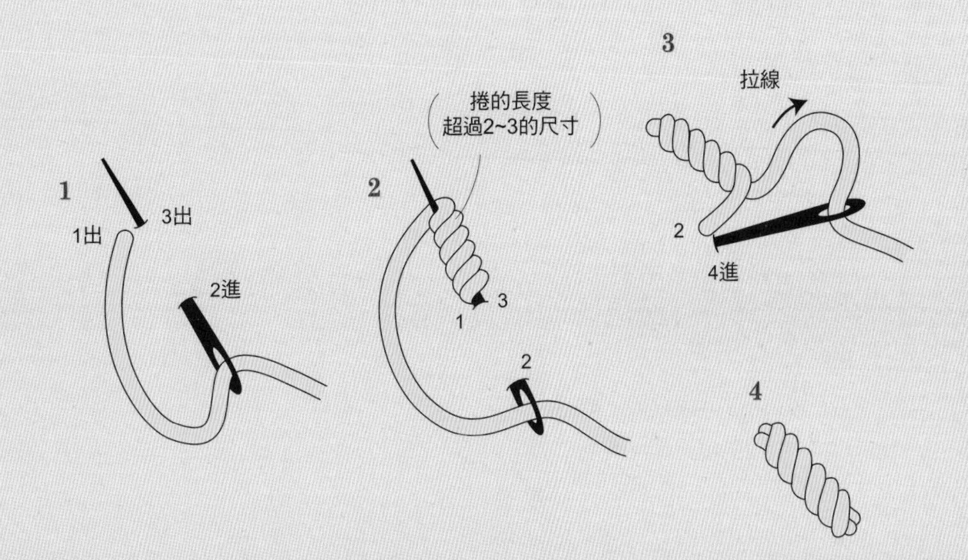

55 捲線結粒繡

繡線捲繞的次數將會改變成品的大小。

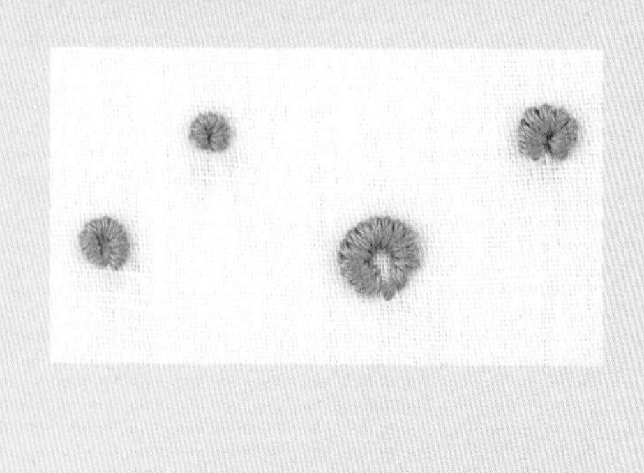

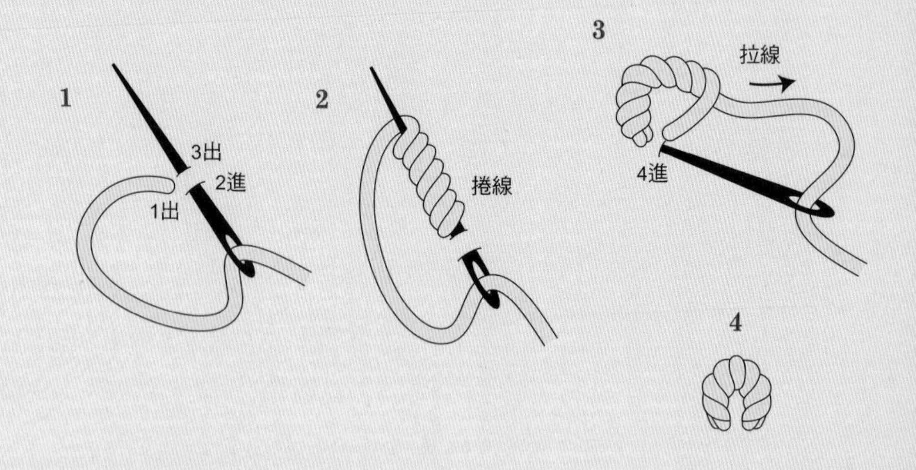

56 捲線雛菊繡

用捲線繡法做雛菊繡。

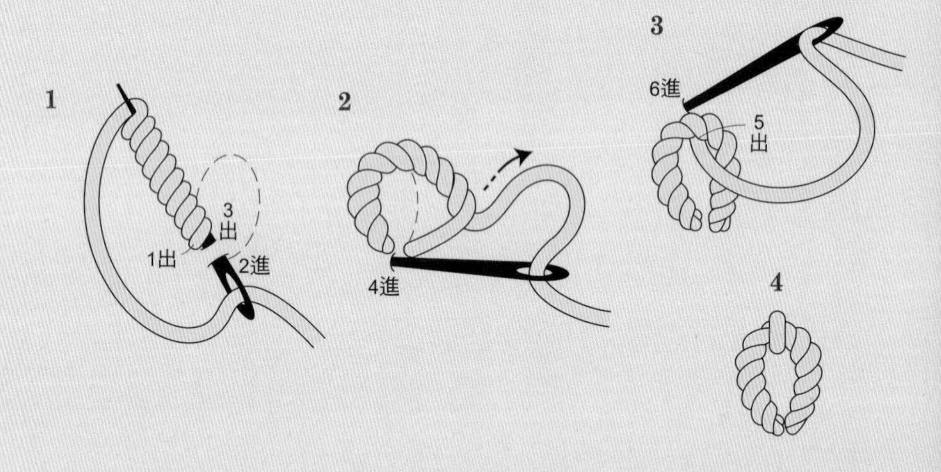

57 捲線玫瑰繡

用捲線繡法繡成玫瑰的形狀。
可以在中心繡法式結粒繡。

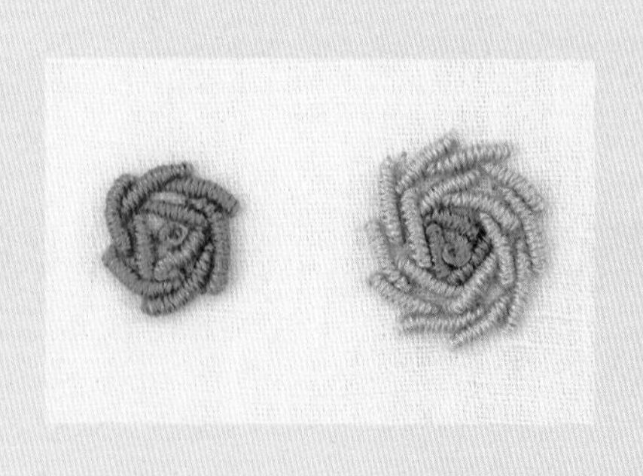

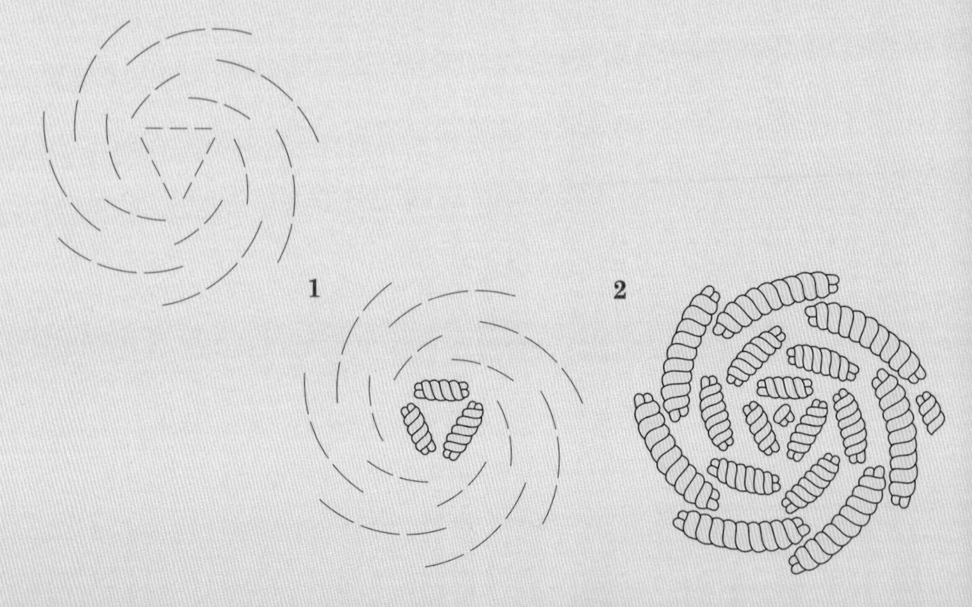

58 雛菊結粒繡

雛菊繡在4固定的時候，改用法式結粒繡。

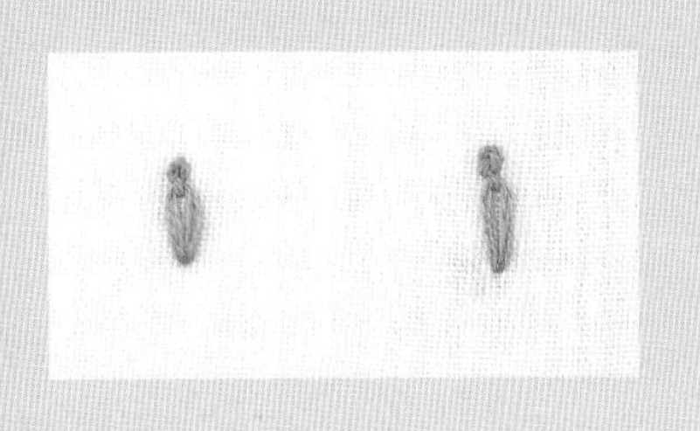

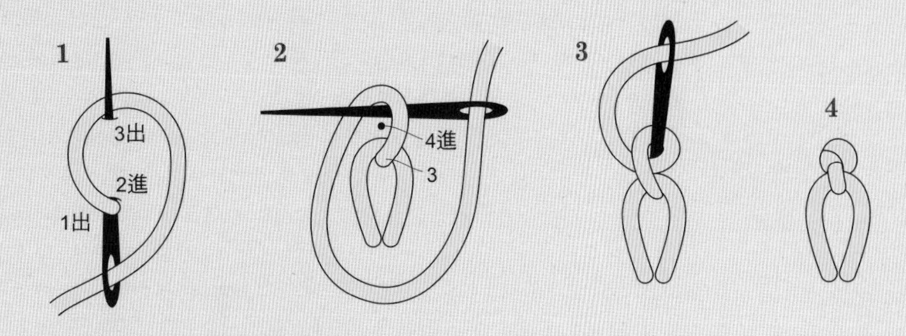

59 渦紋繡

用繡線做一個環掛在針上，用力拉緊。用大姆指壓住再抽針。

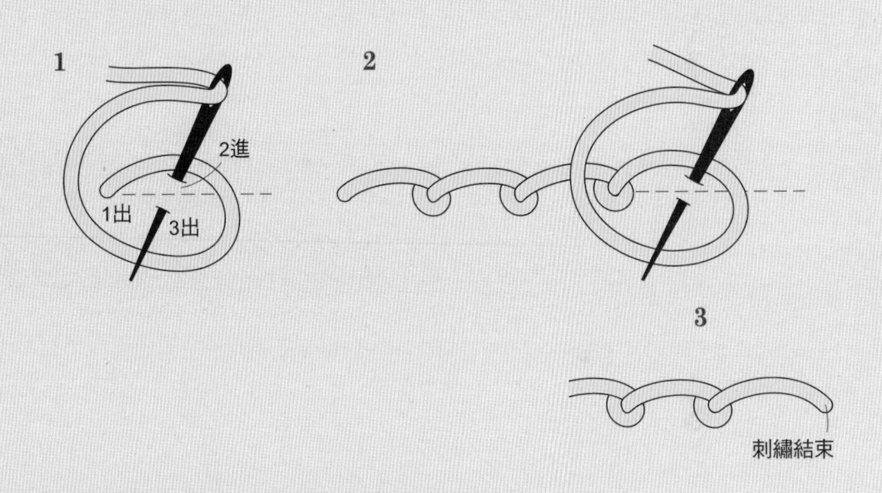

60 珊瑚繡

每隔固定的間距做一個結目，持續刺繡的針法。

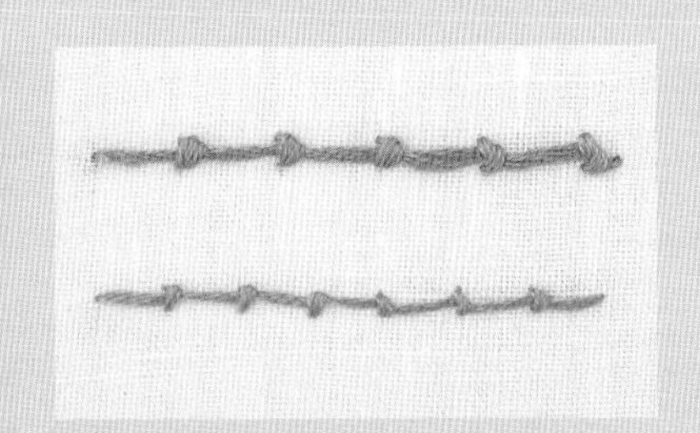

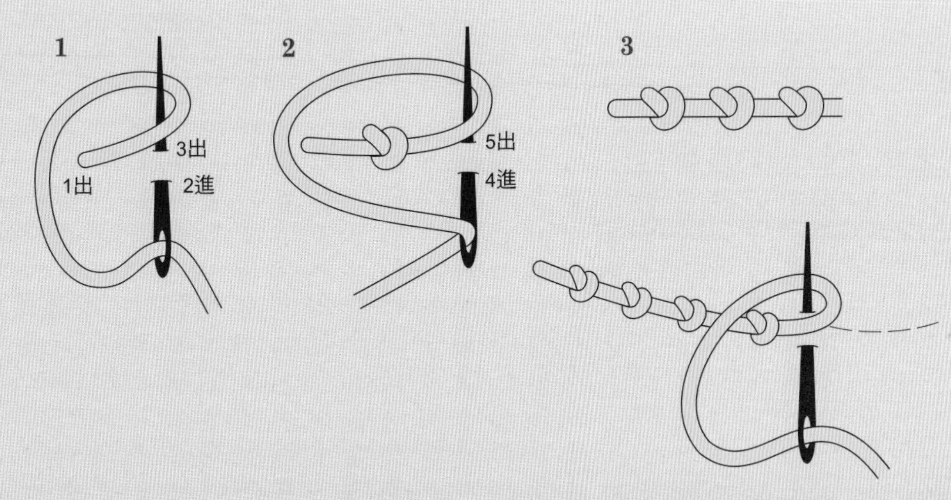

61 接針穿線繡

先繡平線繡，接下來只挑起平針繡的繡線進行刺繡。

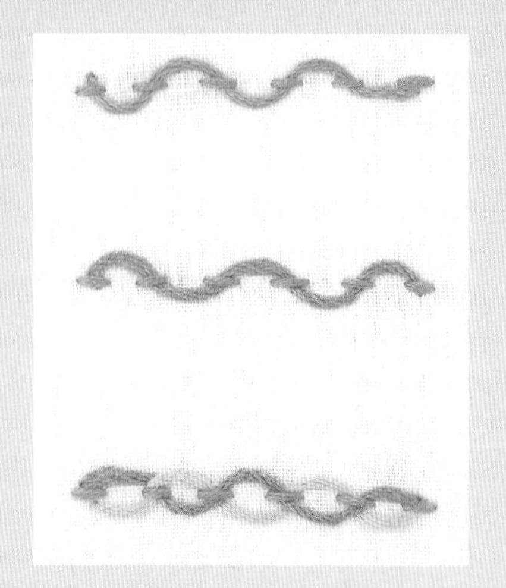

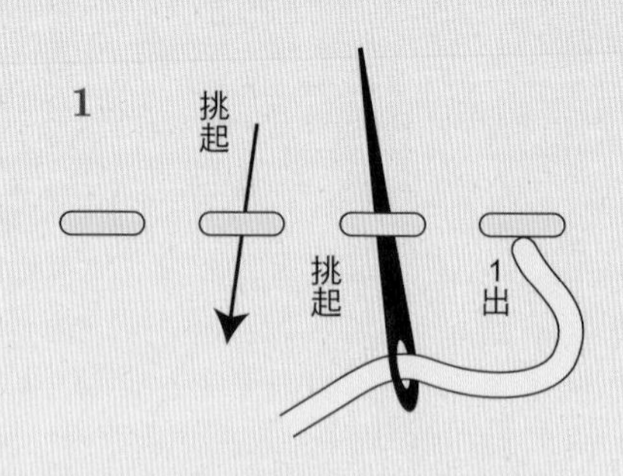

交互使用2根針時

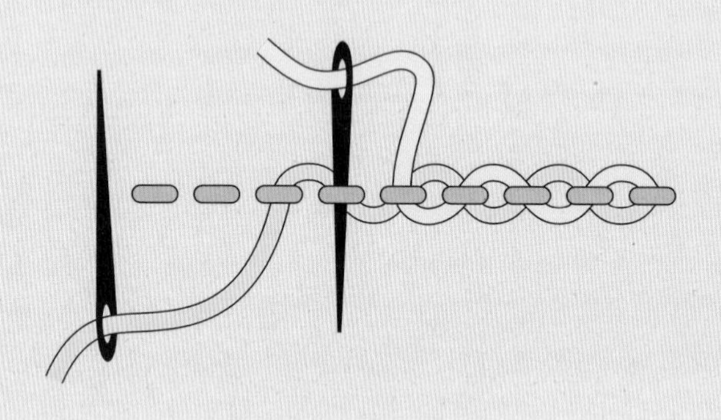

62 接針平線繡

每次都朝向相同的方向刺繡。

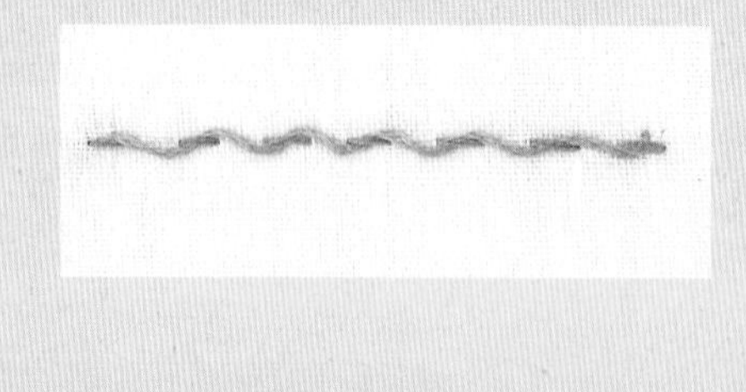

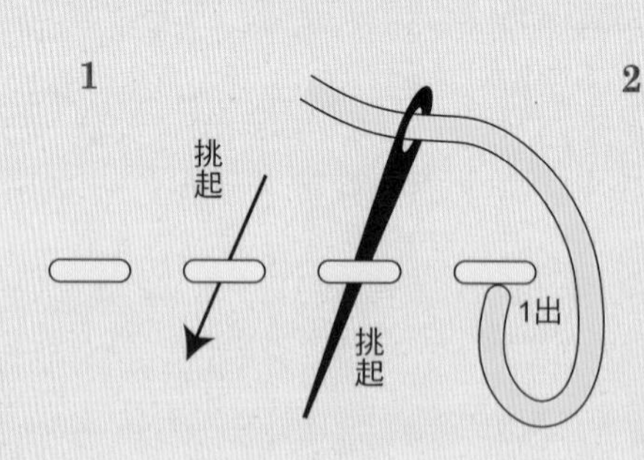

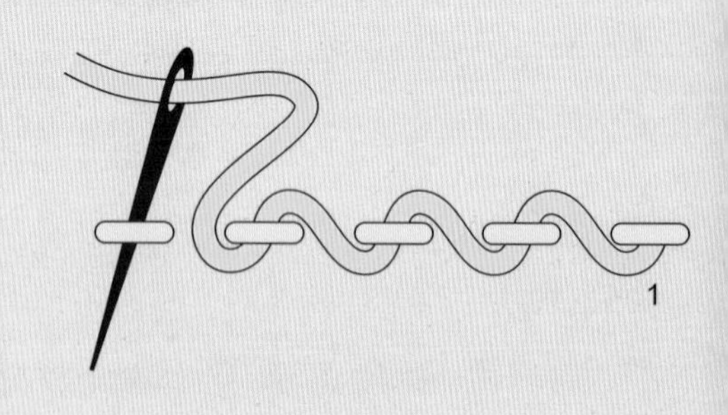

63 接針輪廓繡

只挑起輪廓繡的繡線。挑的時候請注意拉線的方向。

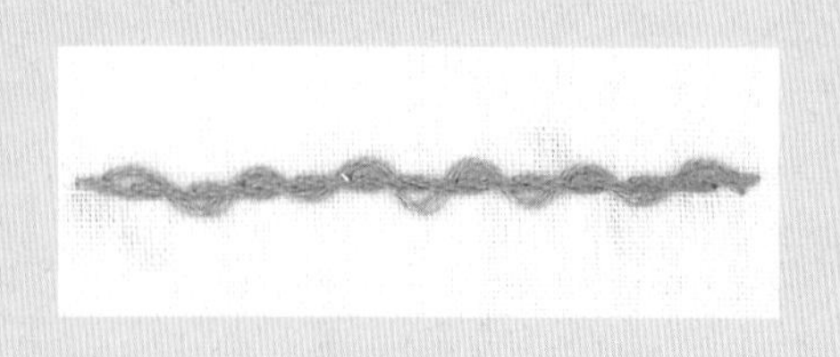

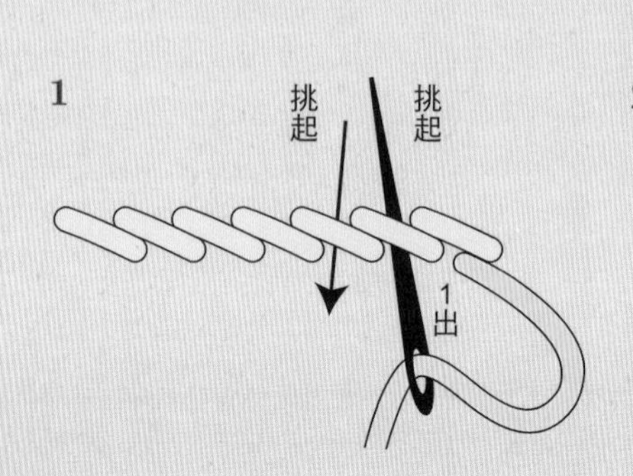

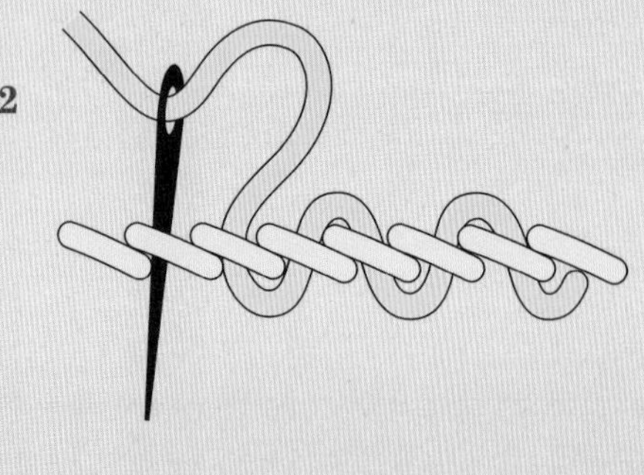

64 接針回針繡

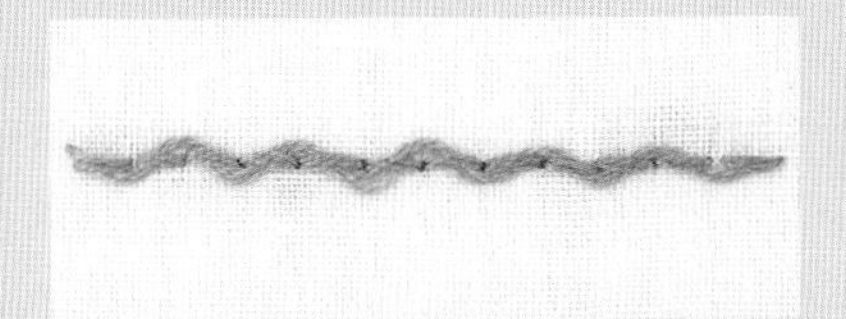

從下往上，從上往下挑起回針繡的繡線。
請保持繡線上下的緊度均等。

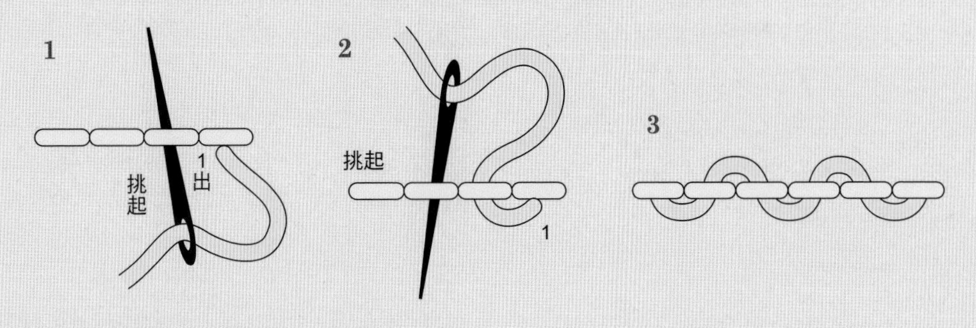

65 捲線回針繡

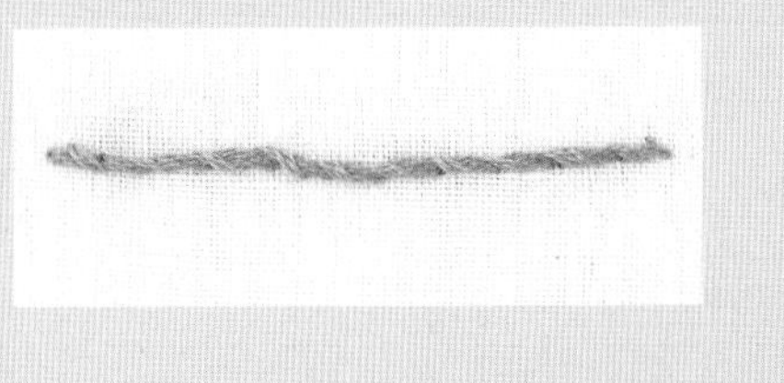

只挑起回針繡的繡線，將線捲繞其上。

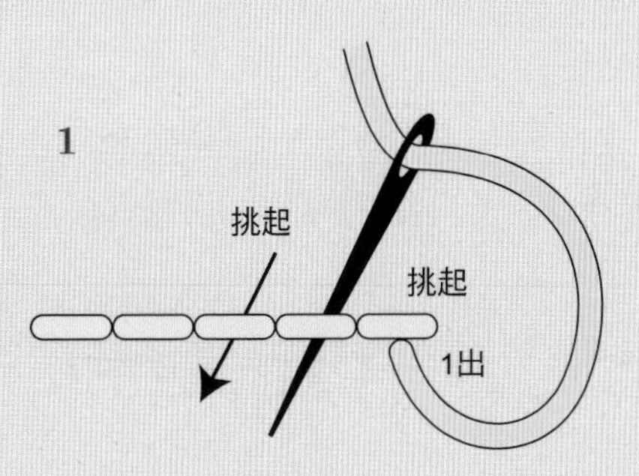

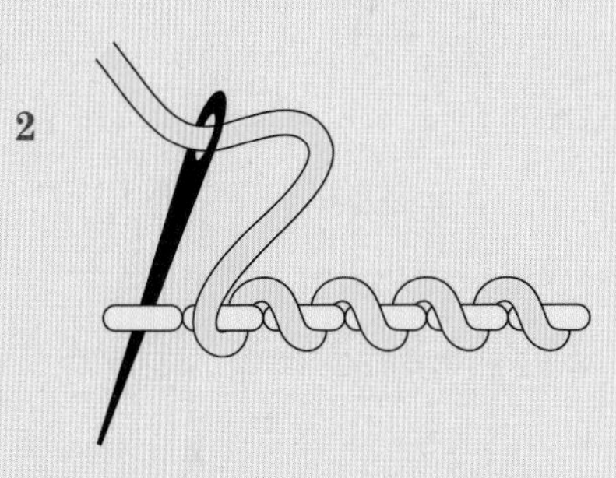

66 獅子狗繡

挑起回針繡的繡線做一個環，請小心不要把繡線拉得太緊。

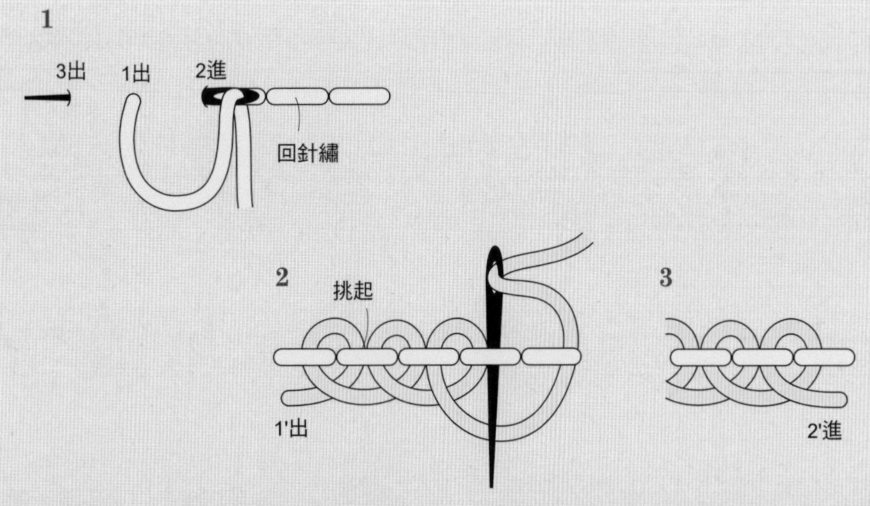

67 立體毛邊繡

先繡鎖鏈繡，再用毛邊繡挑起繡線，繡成蕾絲的模樣。這個時候不同挑布。可用於填滿花籃等等物品，效果相當不錯。

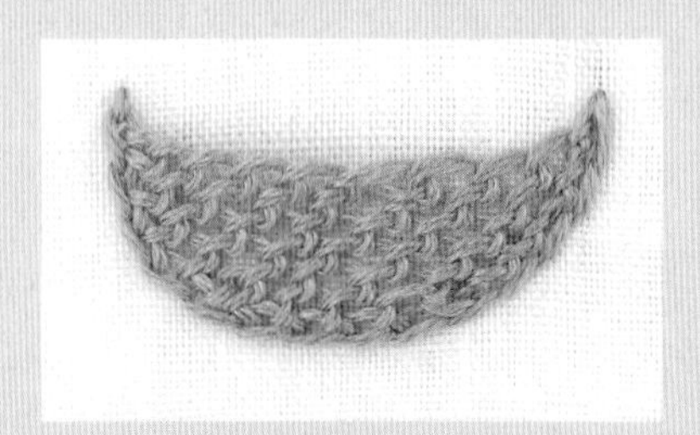

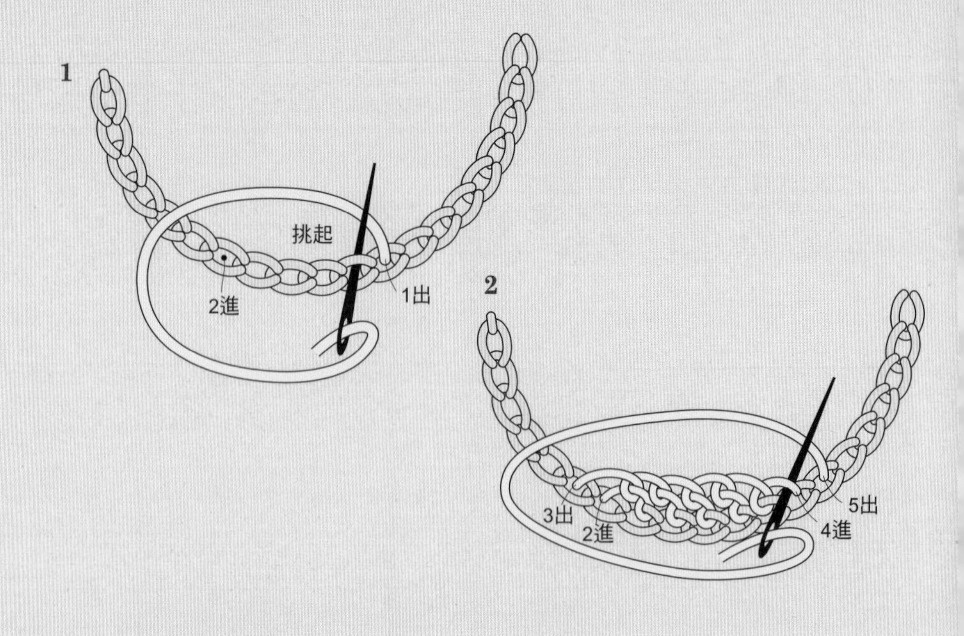

68 連結繡

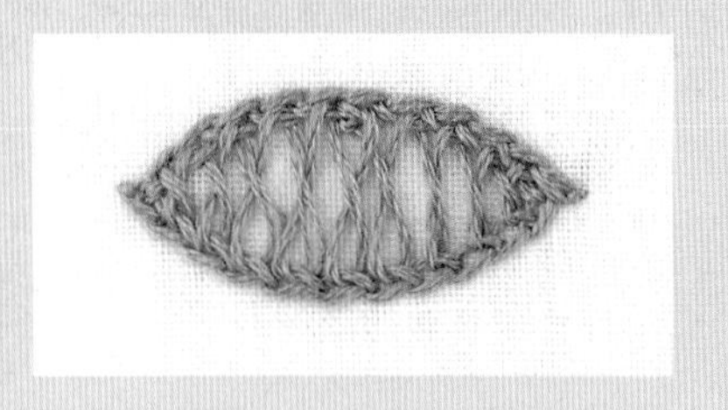

用連結繡填滿鎖鏈繡描出來的空間。不需挑布。

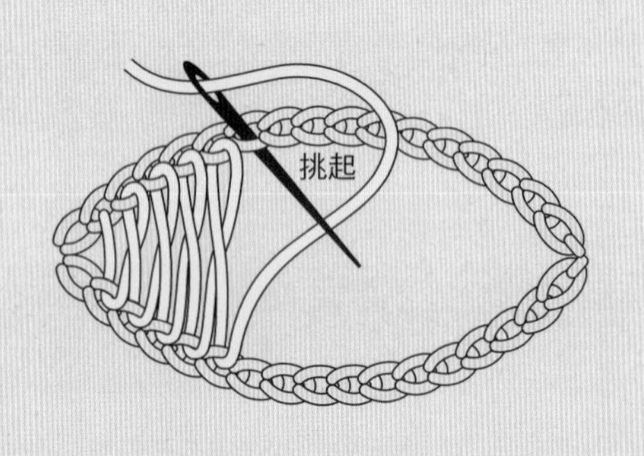

69 蜈蚣辮繡

斜斜地刺繡。不需挑布，穿過之前繡的2條繡線下方。
當傾斜不安定的時候，可以視圖案挑起少許布料。
刺繡時，如果將間距縮短，看起來很像繩結。

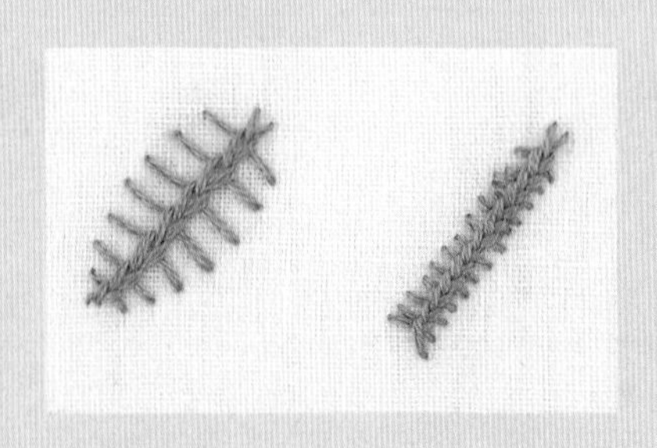

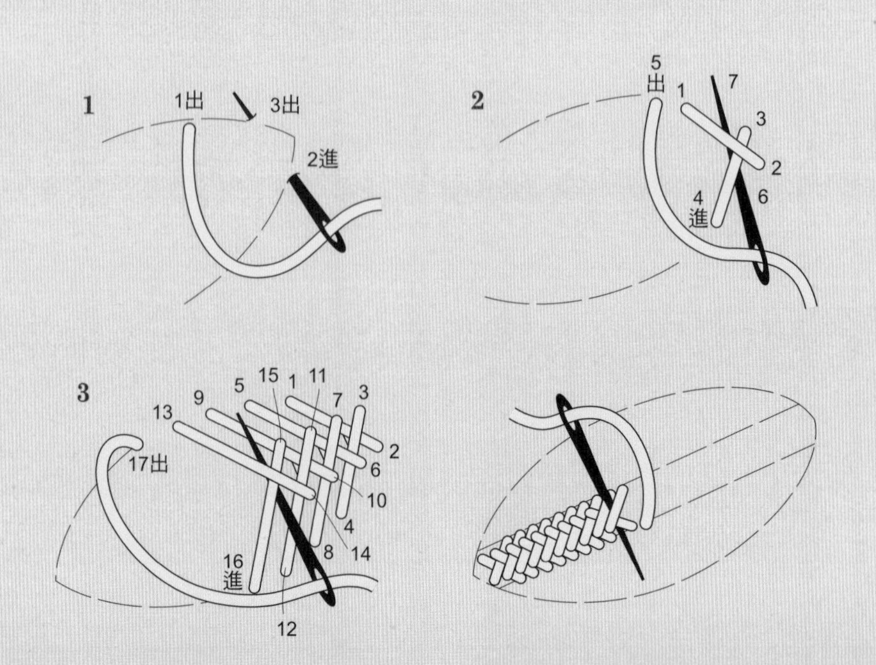

70 錫蘭繡

穿過剛開始繡的繡線，依順序增加數量。

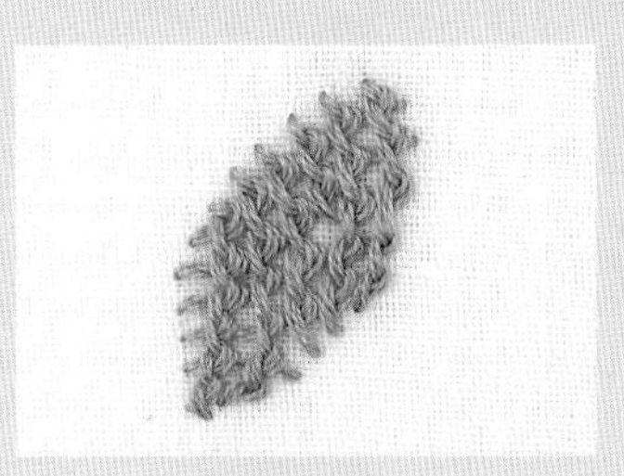

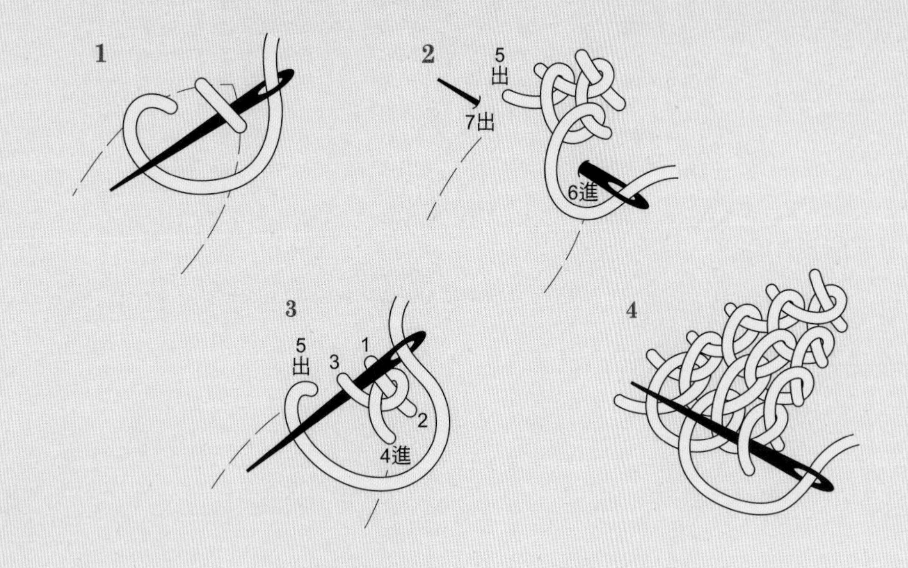

71 釘線繡

將繡線放在布上，用別的線來固定。固定的間距、繡線的顏色，都會改變作品的風貌。

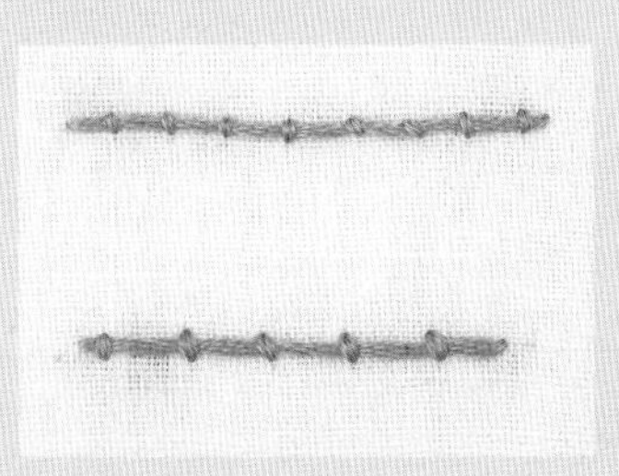

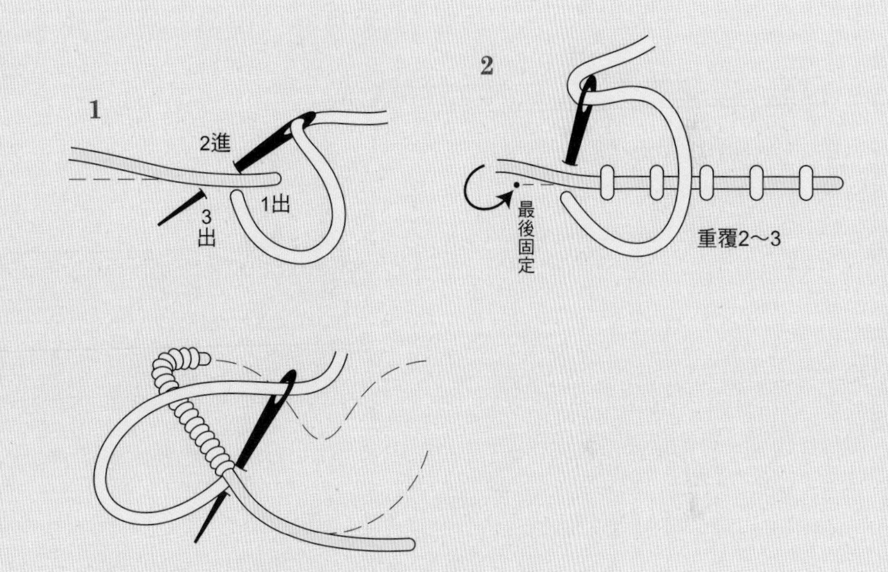

72 花式釘線繡

一次固定2條以上的繡線，或是在刺繡時變化不同的針目或角度。

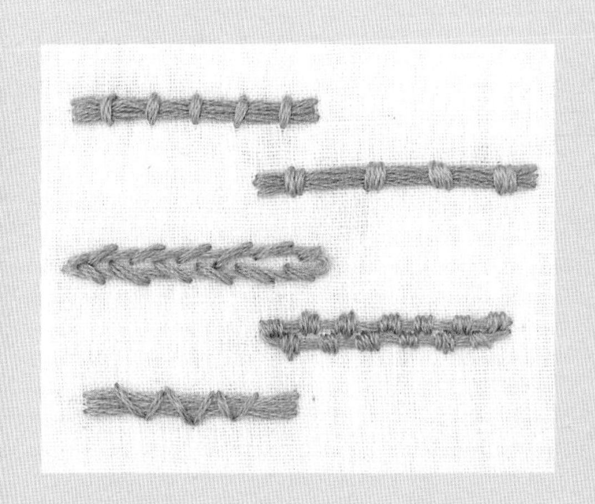

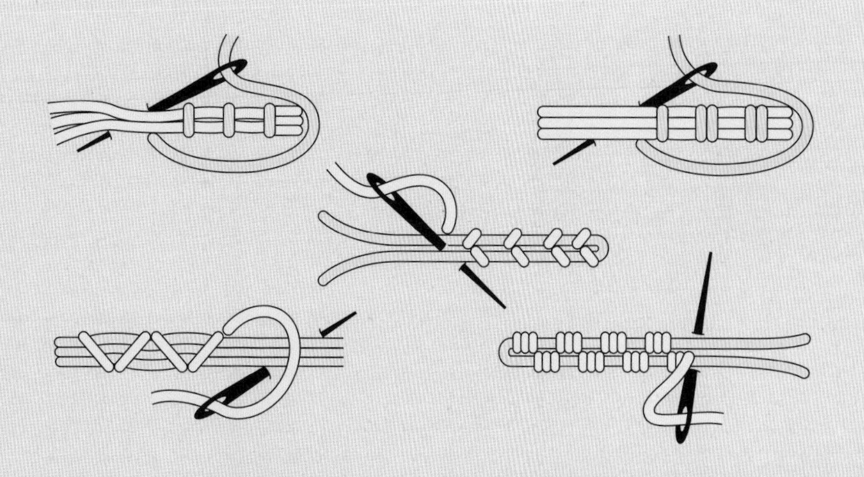

73 車輪繡的各種變化

先繡直線繡，再用回針繡的要領挑起繡線。從上挑起穿過的繡線，或是從下面挑線，完成的作品會有所不同。

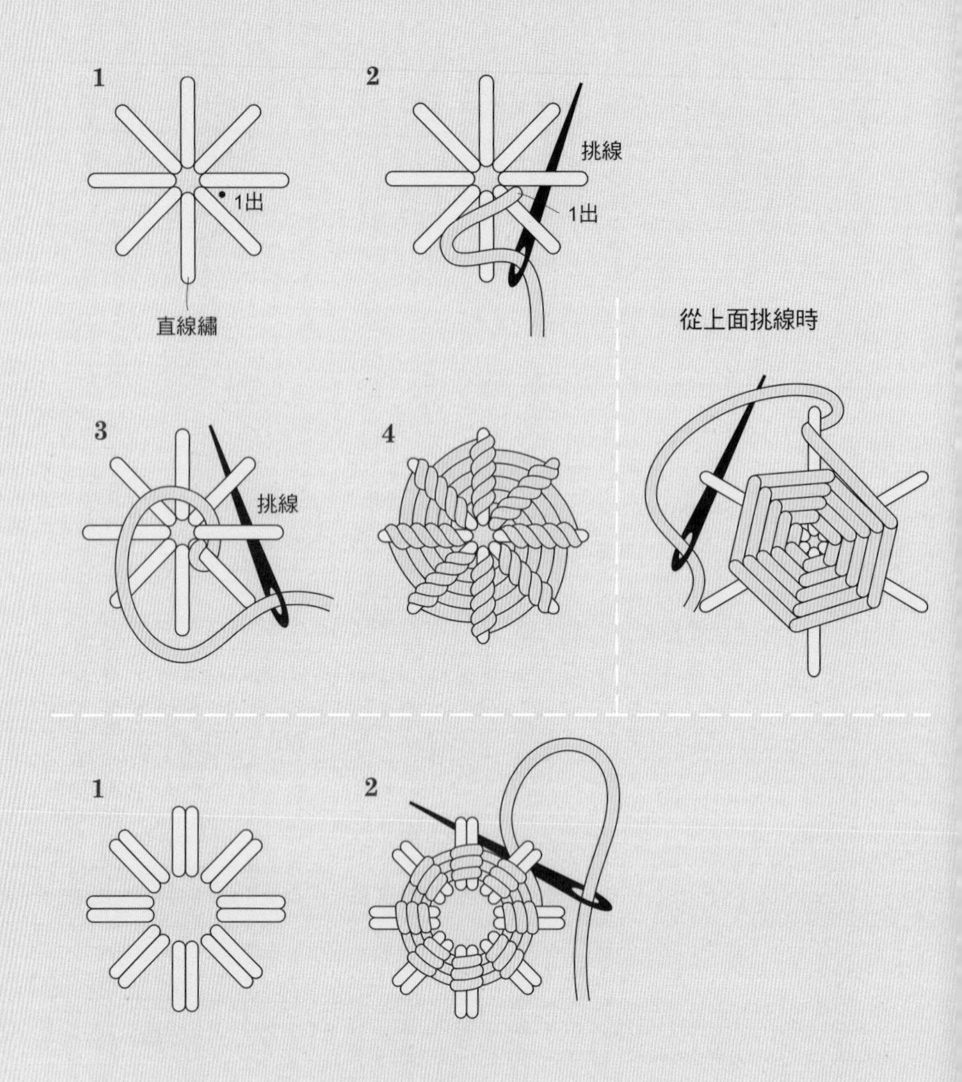

74 波浪羽毛繡

以等間距繡成的直線繡為基礎。用羽毛繡挑起繡線進行刺繡。

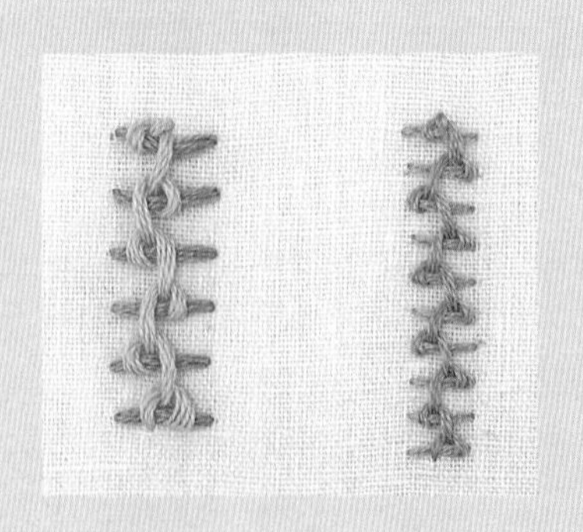

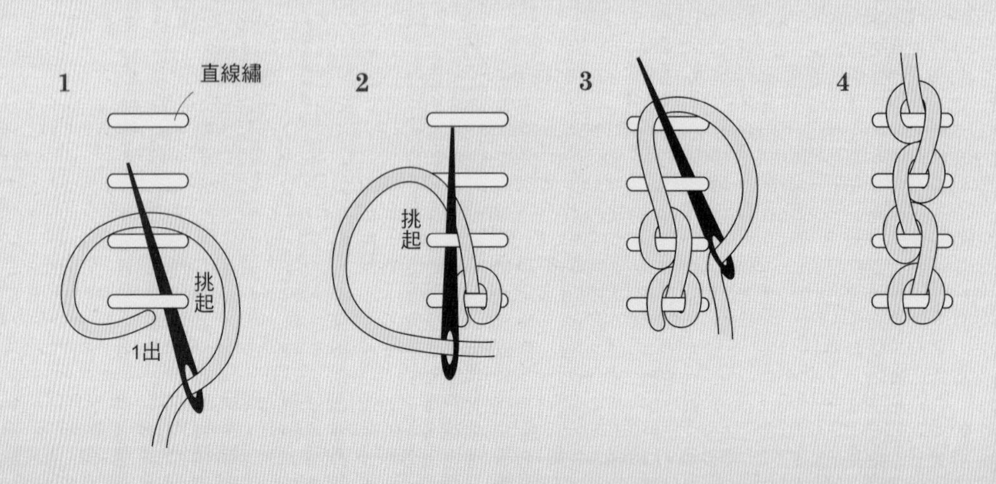

串珠刺繡

為了方便讀者理解，標示時，
將串珠的距離拉開。

75 直線繡

各用一針繡出縱、橫、斜的方向。
配合一針的長度，穿入串珠刺繡。

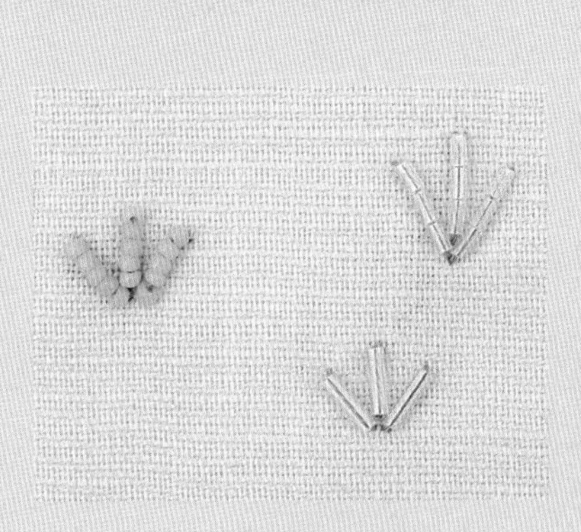

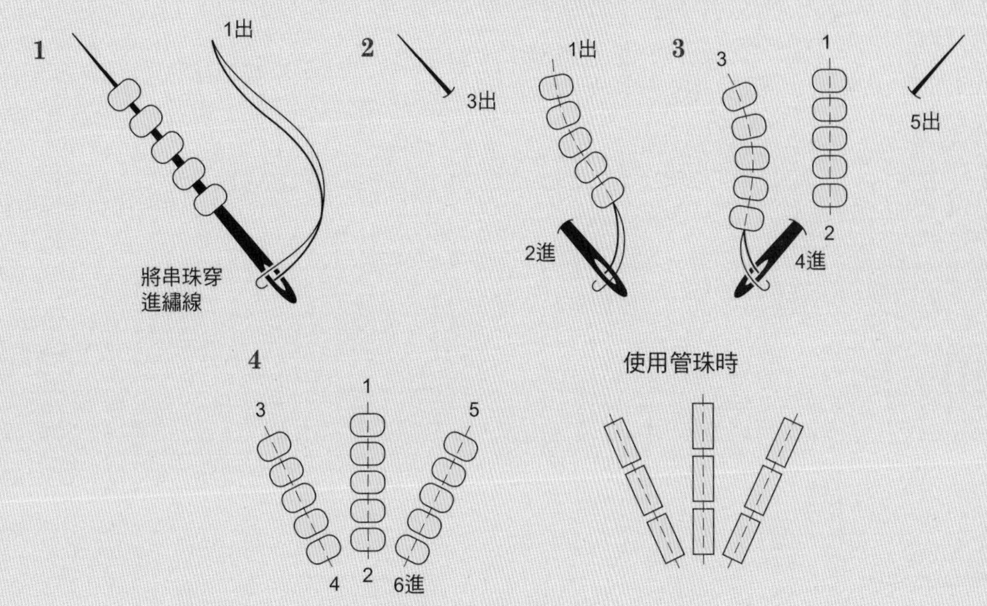

76 直線玫瑰繡

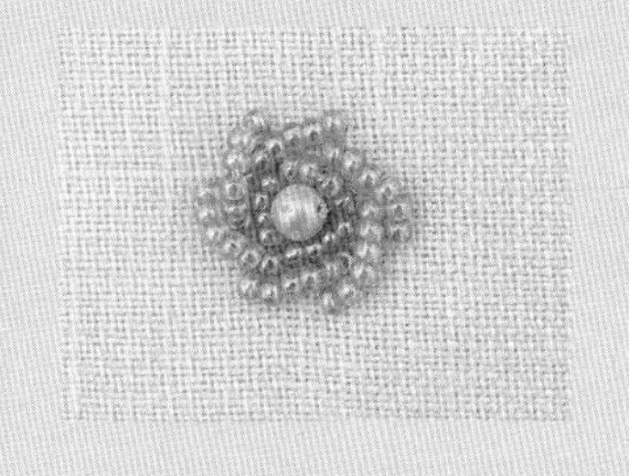

從中心的三角開始刺繡，旁邊則從外側往內側
刺繡，將線穿回1／3處，刺繡一圈。在中央繡
一顆珍珠或是比較大的串珠。

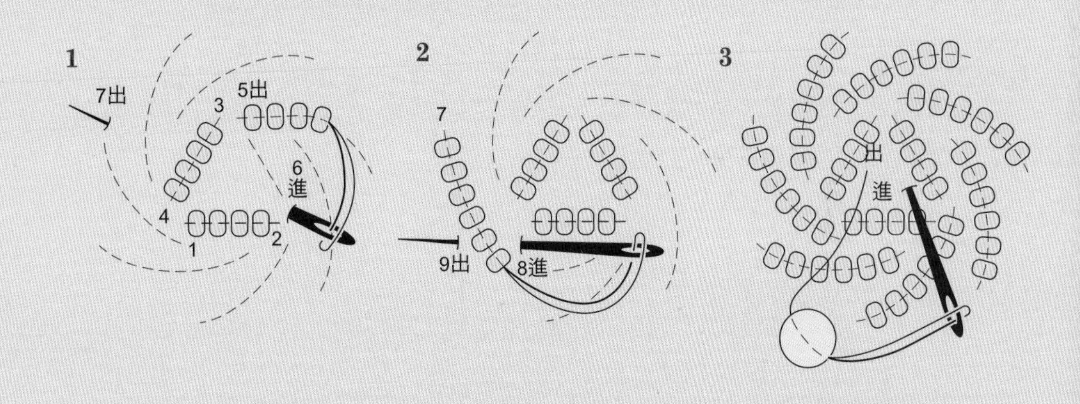

77 回針刺繡

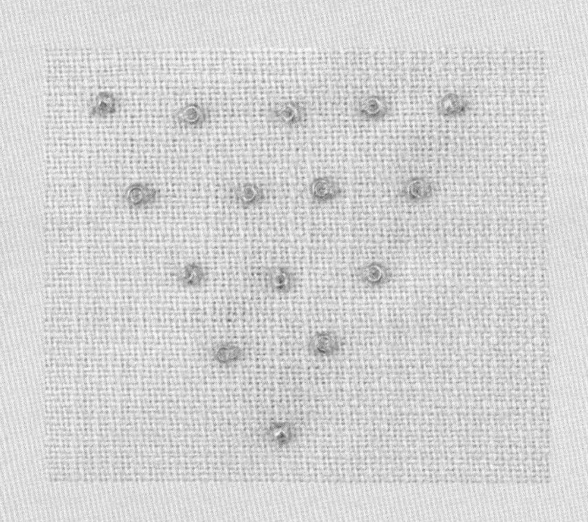

以回針縫的要領，每次固定一顆串珠。想要繡
成散開的模樣時，請以三角形為基準，增加三
角形再刺繡。

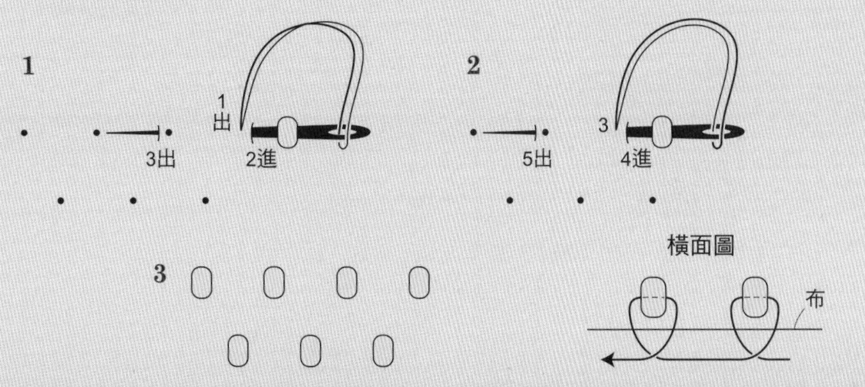

78 輪廓繡A

出入針都必須在圖案的線上。每一針都穿入串珠，將針從同一條線回穿1 / 3，接下來再穿入串珠。先決定串珠的數量，刺繡時串珠永遠保持在同一邊（上面就一直在上面，下面的話，則要一直在下面）。可以每次都繡不同的串珠，這是串珠專用的針法。

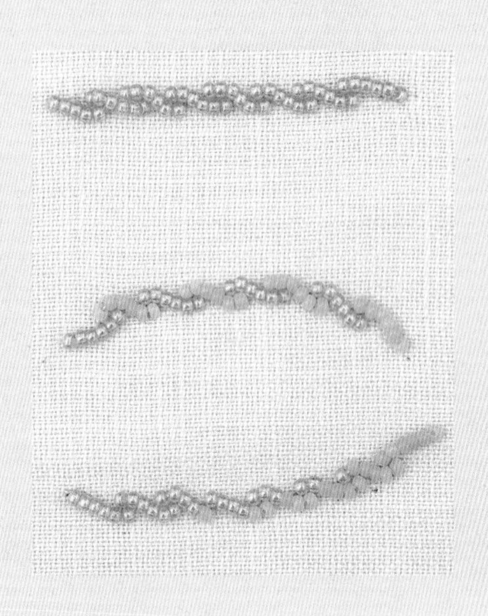

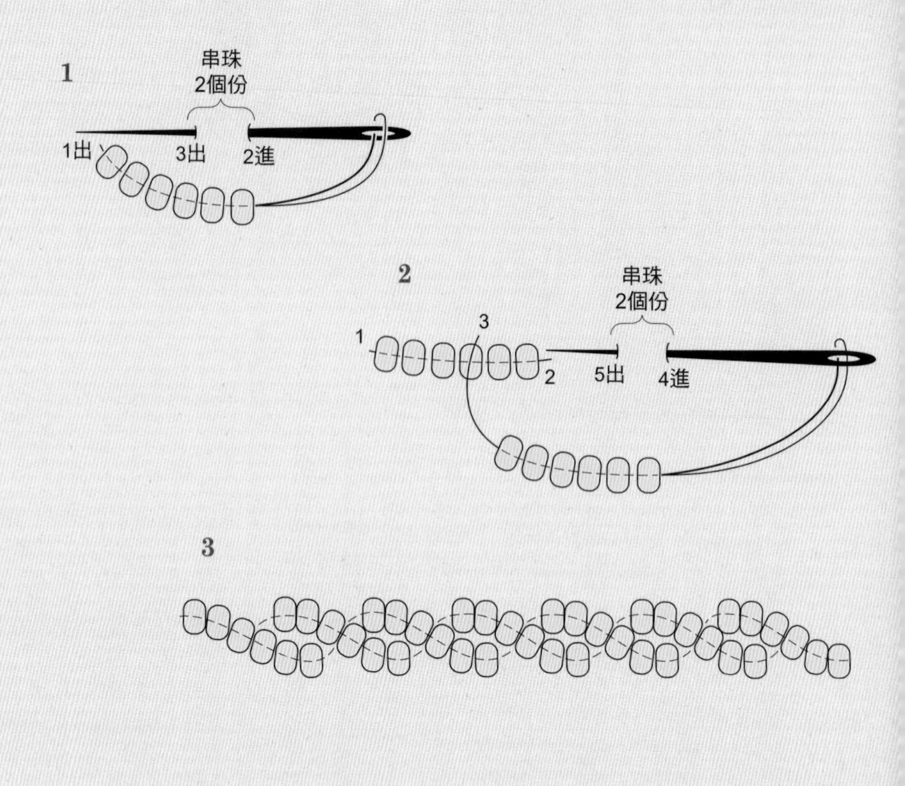

79 輪廓繡B

出入針都必須在圖案的線上。如圖所示，每次回穿至2 / 3處。

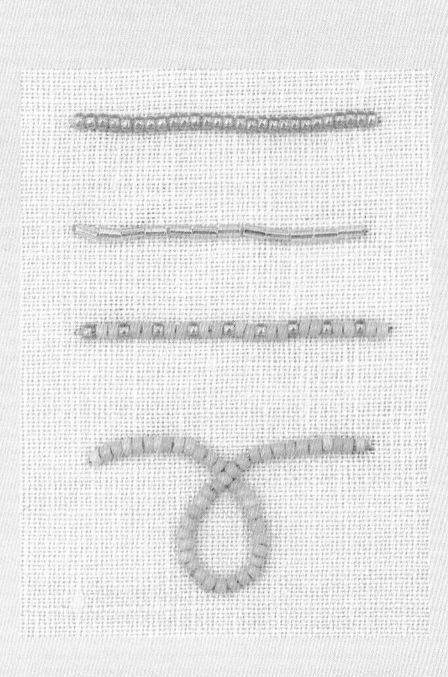

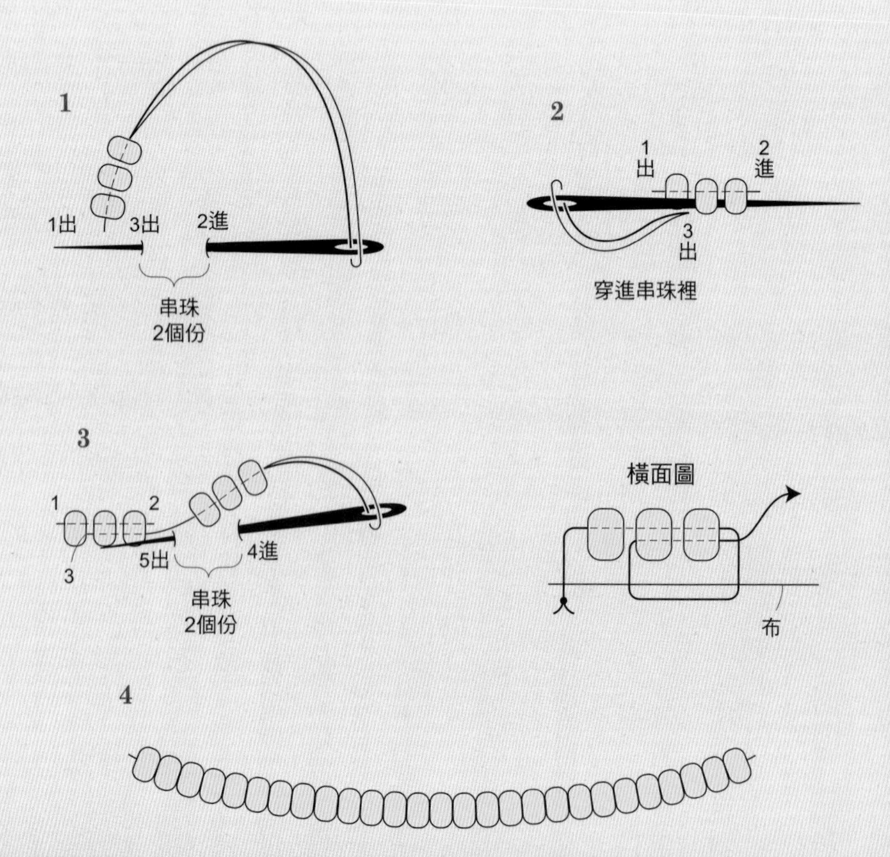

80 緞面繡

用於填滿圖案的時候。可以從圖案中心往一邊刺繡，再回到中心，再繡另一邊。

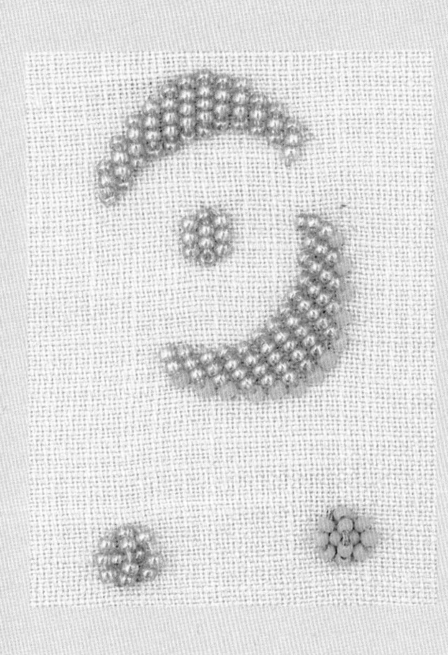

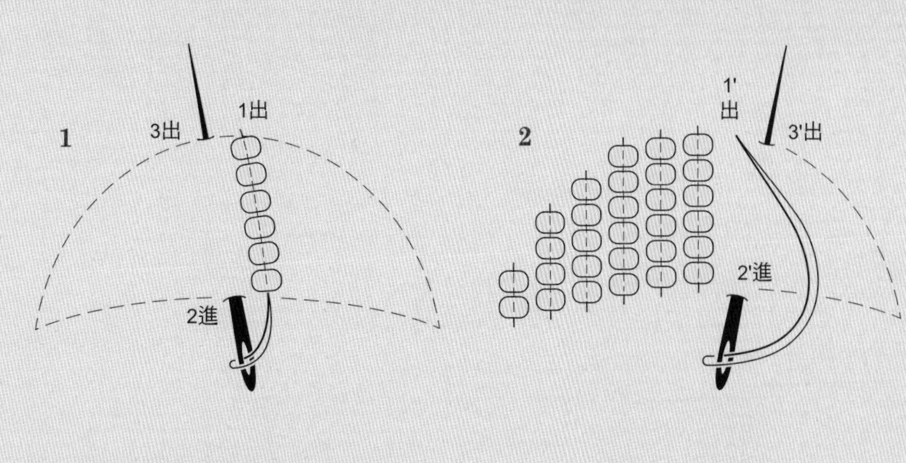

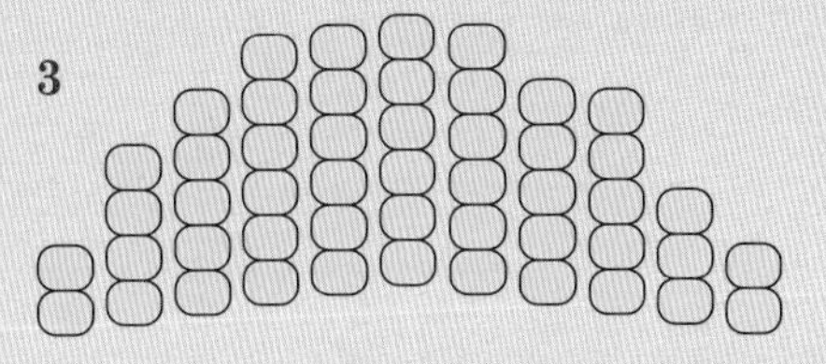

想要呈現厚度時

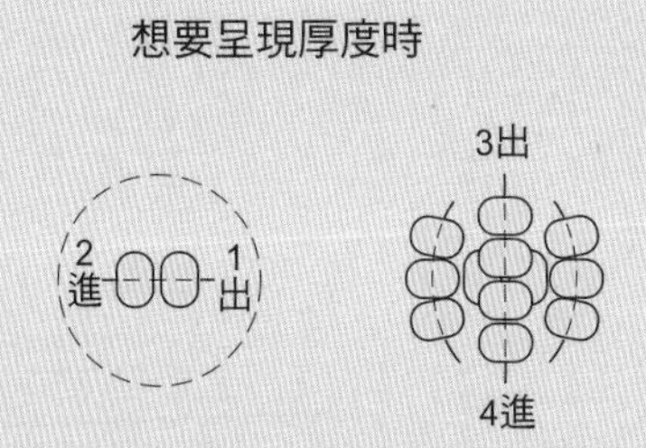

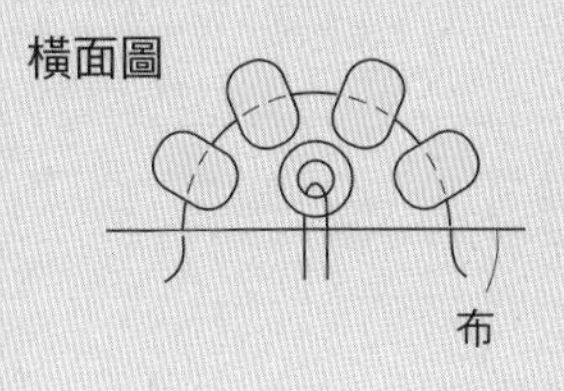

81 葉子繡

串珠的葉子繡繡法等於繡線的魚骨繡。用於填滿較大的圖案或是葉子等等。

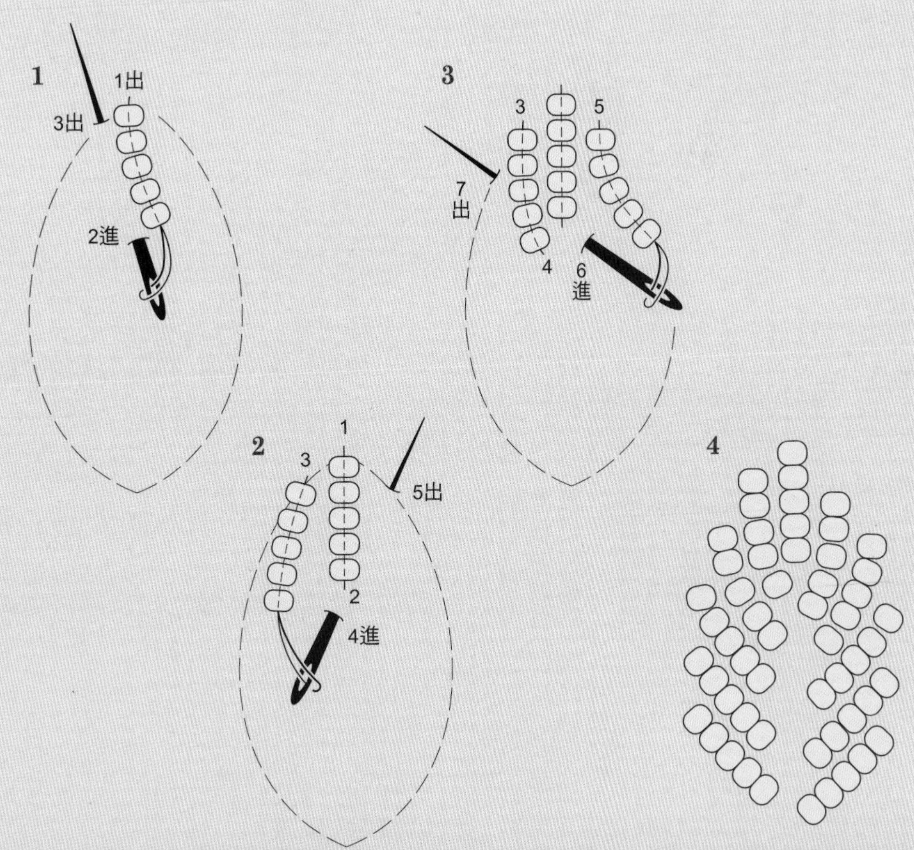

82 飛舞繡

運針的方向同繡線的飛舞繡。串珠的數量要保持均等。

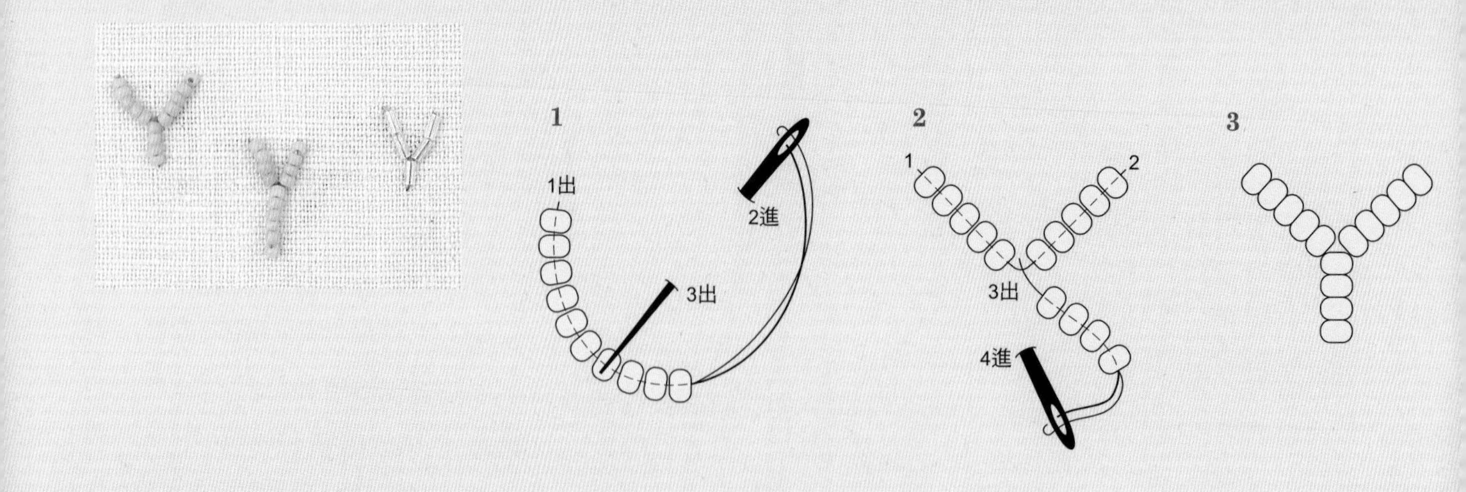

83 雛菊繡

運針的方向同繡線的雛菊繡。串珠的大小與數量
將會影響作品的大小。

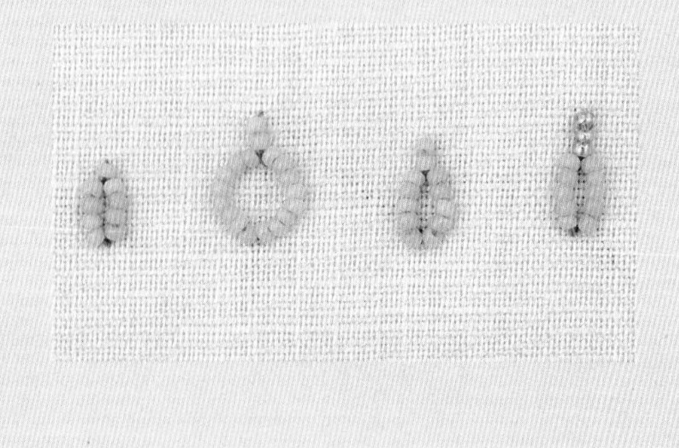

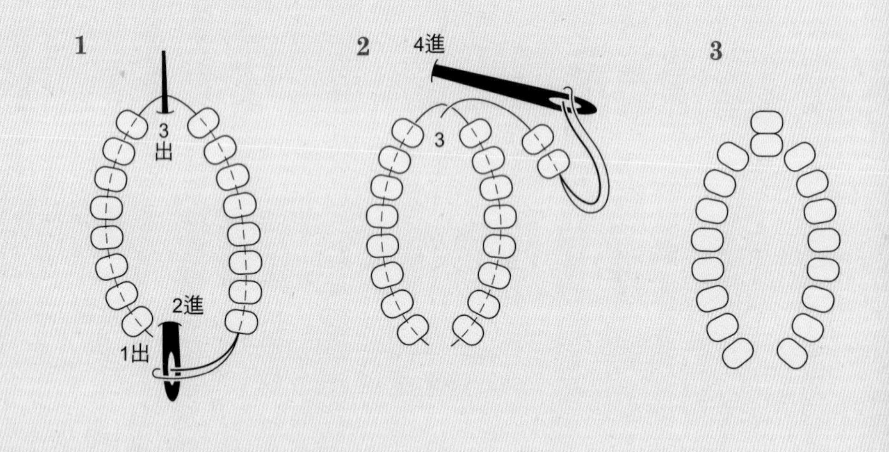

84 亮片刺繡

使用方法十分多樣化，可以單獨使用，也可以和串
珠組合。平圓亮片和壓紋亮片的繡法都一樣。

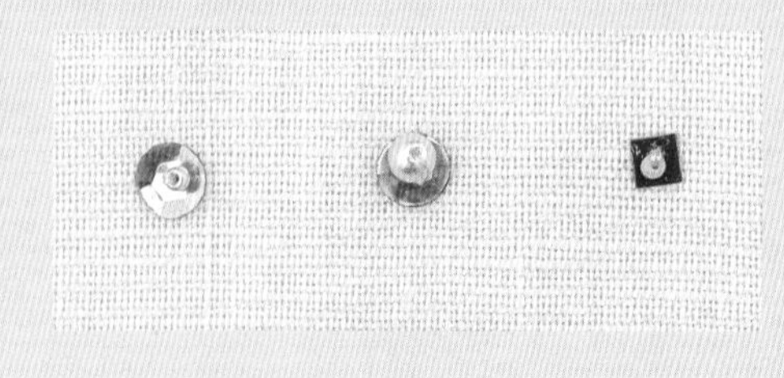

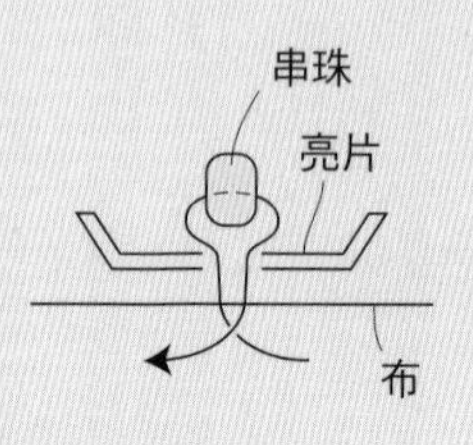

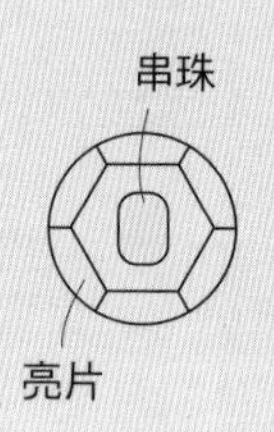

85 流蘇

使用亮片、串珠或珍珠，使作品往下垂的針法。先決定中心的串珠，再依自己喜好決定長度穿入串珠。
再從中心對稱地穿入串珠。想要繡在領口或袖口等等圈狀的物品上時，請在圖1與圖3之間加入最後的串珠與亮片。

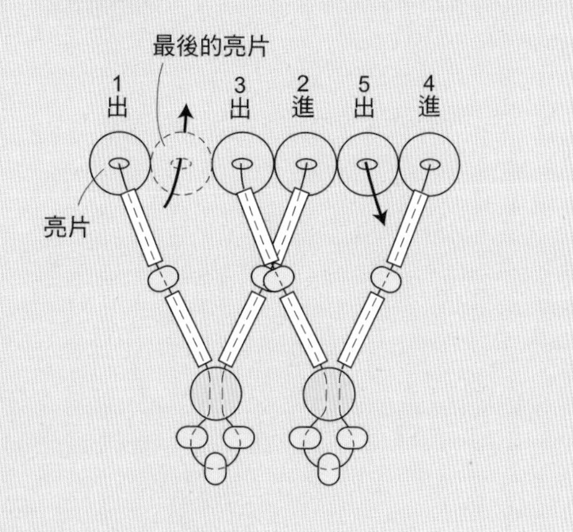

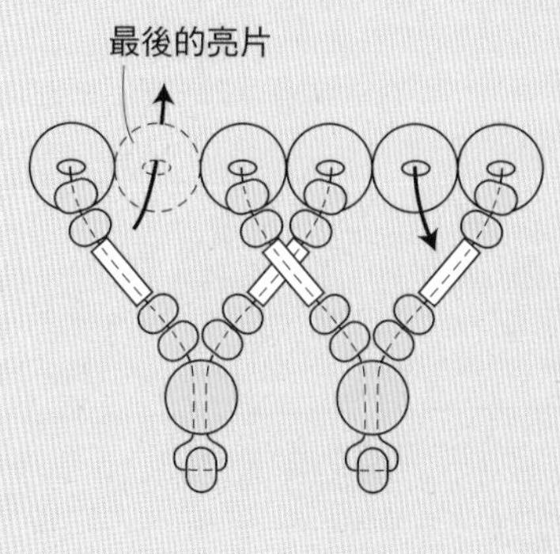

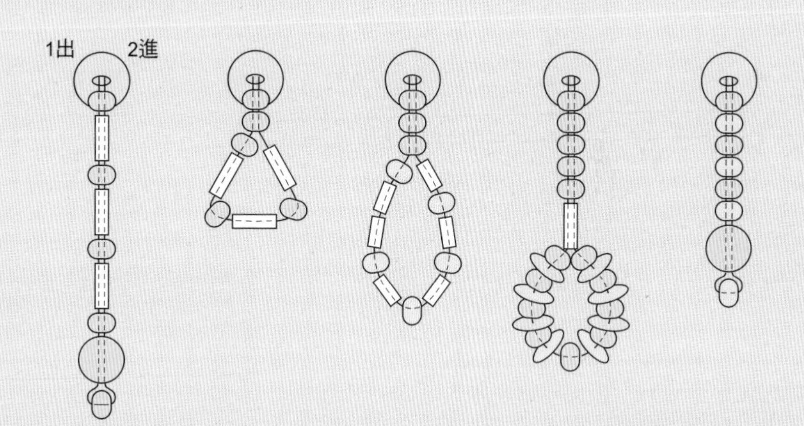

86 亮片繡花

用亮片與串珠繡花。用這種方法，可以繡出4片、5片、6片的花瓣。

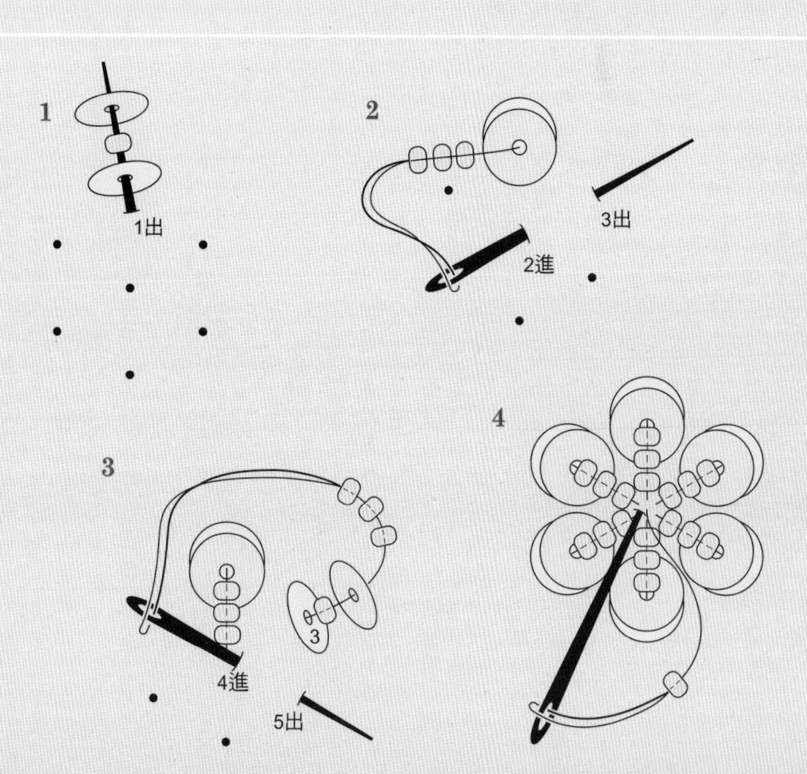

87 直線繡

各用一針繡出縱、橫、斜的方向。刺繡時將針穿過緞帶。慢慢地拉出來，使緞帶有如花瓣般鼓起。

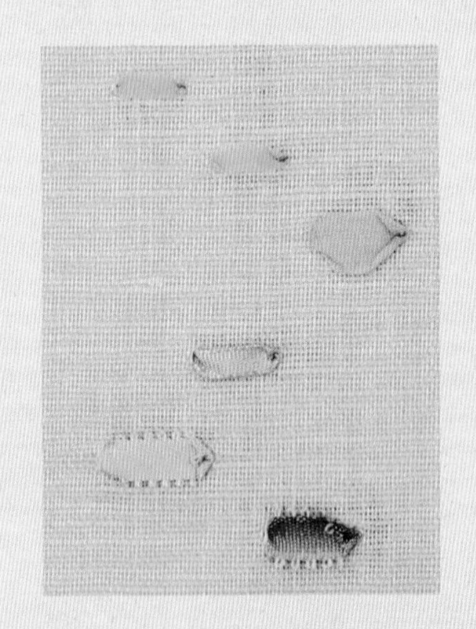

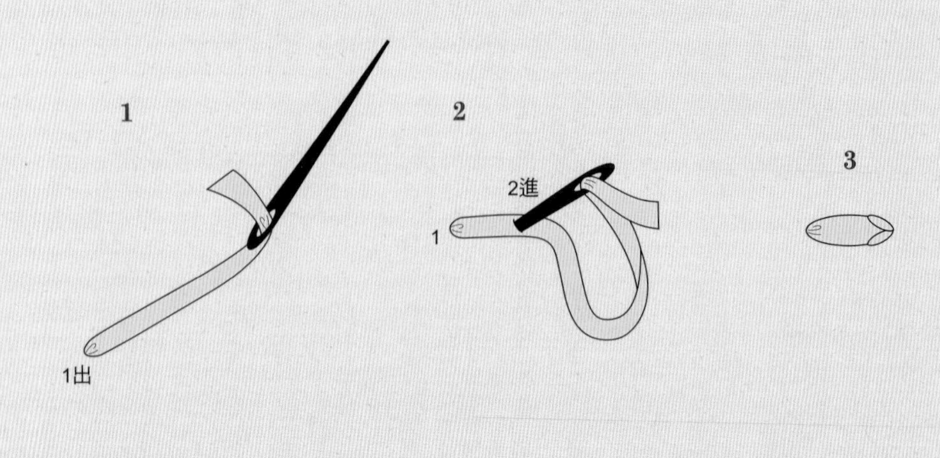

88 雛菊繡

運針的方向同繡線的雛菊繡，4 的時候將針從上方穿進緞帶裡。隨著固定的長度、方向的不同，作品將會呈現不同的風貌。

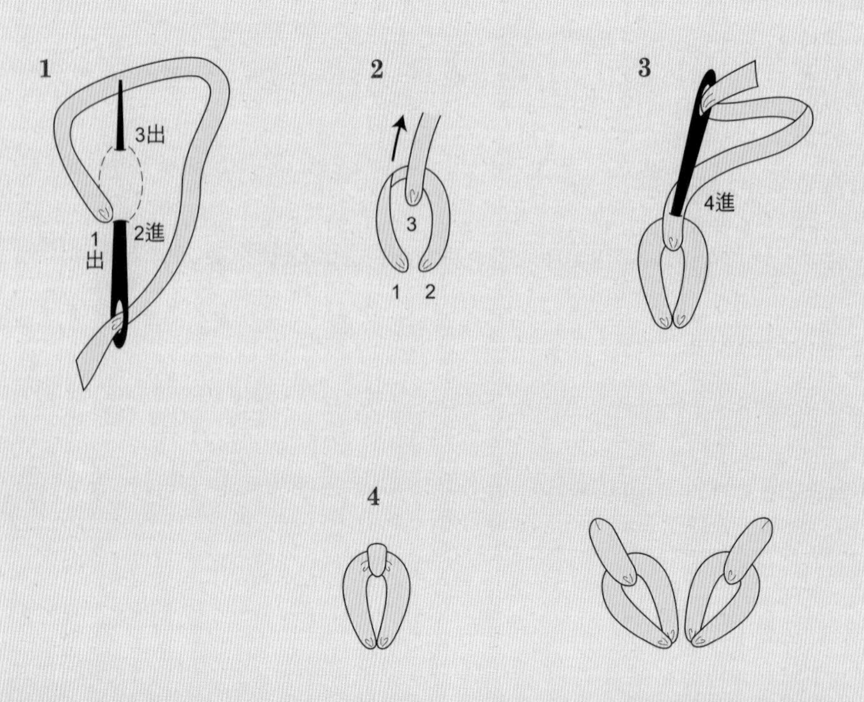

89 捲曲鎖鍊繡

刺繡方式和繡線一樣，不管掛在針的左邊還是右邊都可以。如果繡成漩渦狀，看起來就像一朵花。

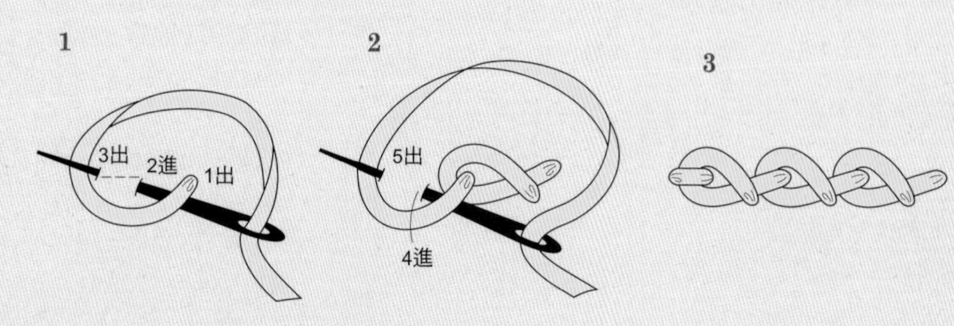

90 波浪羽毛繡

先用繡線繡直線繡，接下來只挑起繡線，在上方做羽毛繡。只繡右邊、只繡左邊、兩邊都繡，不同的挑法有不同的風貌。

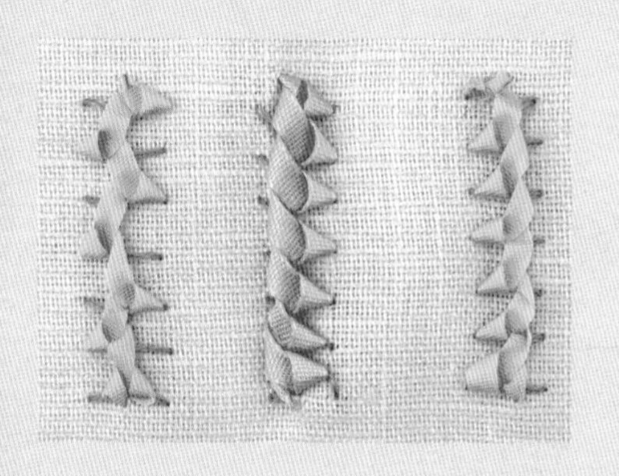

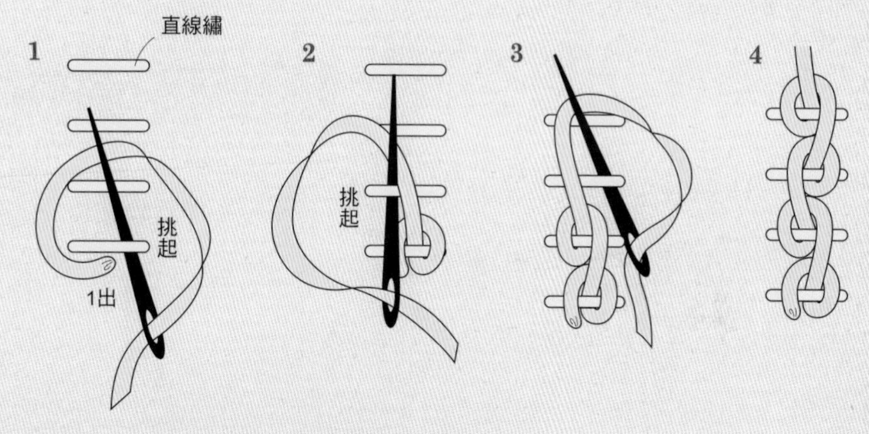

91 飛舞繡

4 的時候，將針從上方穿入。固定長度的不同，將會形成不同的變化。雙重飛舞繡也是一種常用的針法。繡法和繡線的繡法相同。

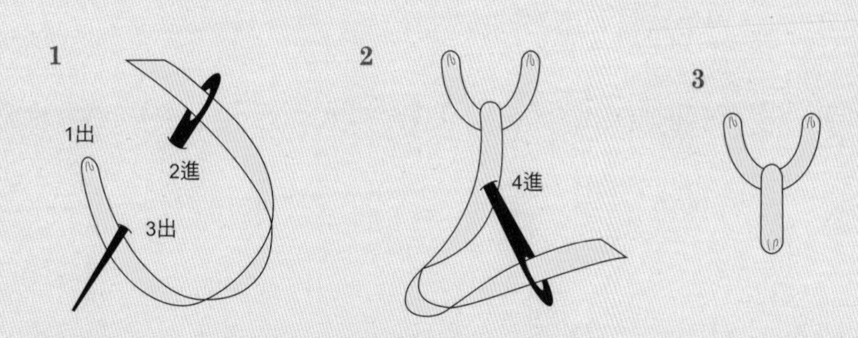

92 結粒繡

用一針將30~35公分的緞帶繡在布上，並將兩頭拉到正面，使兩端的長度相等。將緞帶鬆鬆地打結，一直到緞帶用完為止，用1股或2股與緞帶同色的繡線，將緞帶的兩頭縫合固定。穿入一開始的結目，縫在布上。

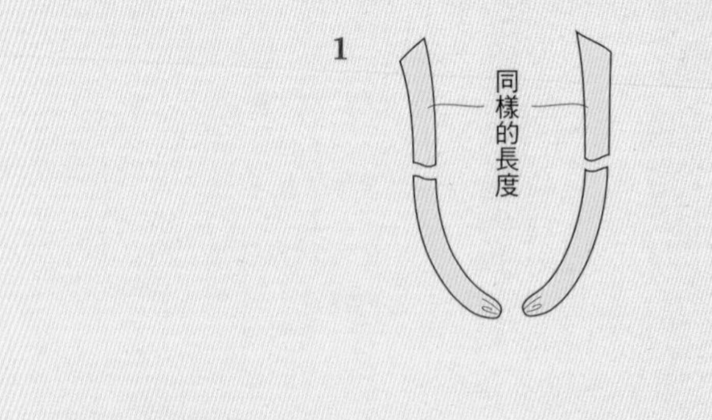

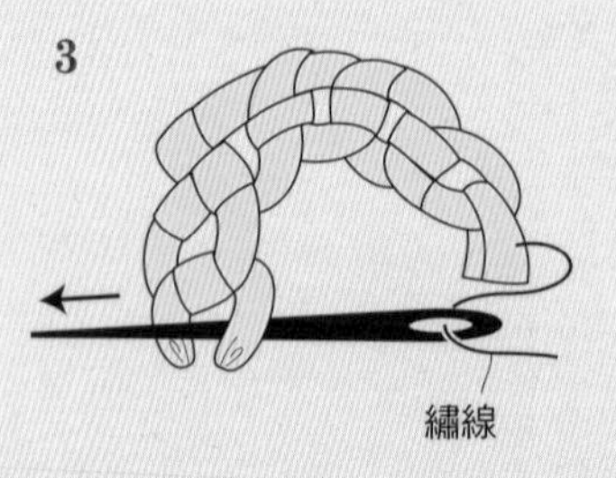

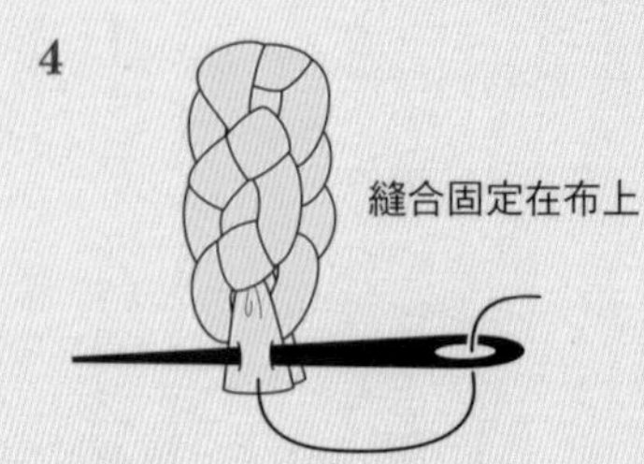

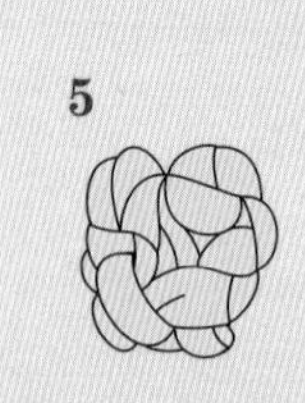

蓋在4的縫結上，
縫幾個地方固定。

93 雙重結粒繡

用一針將2種顏色或2種不同的緞帶以縱向、橫向繡在布上，拉到正面，使長度相等。鬆鬆地互相打結，接下來和結粒繡一樣。

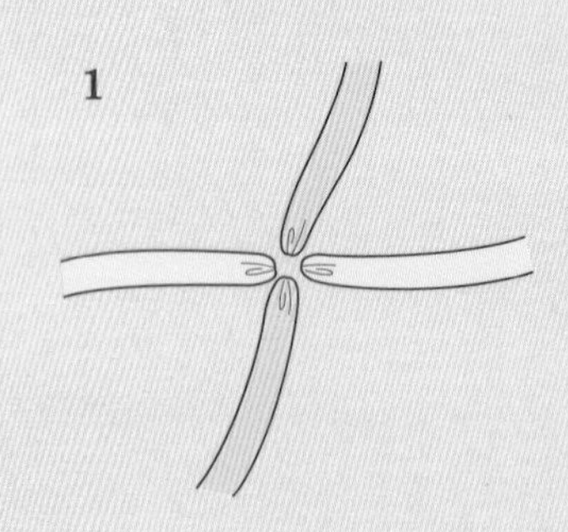

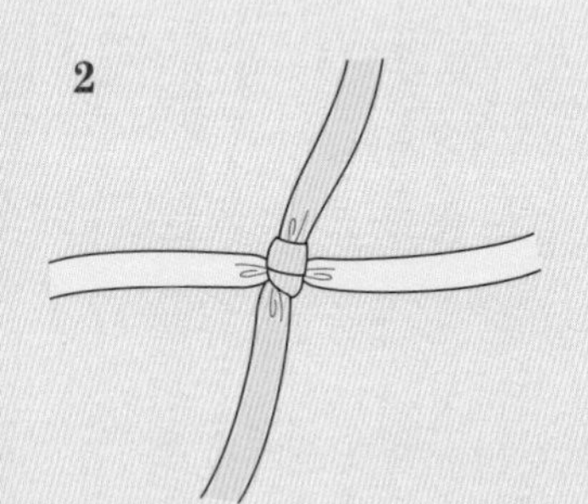

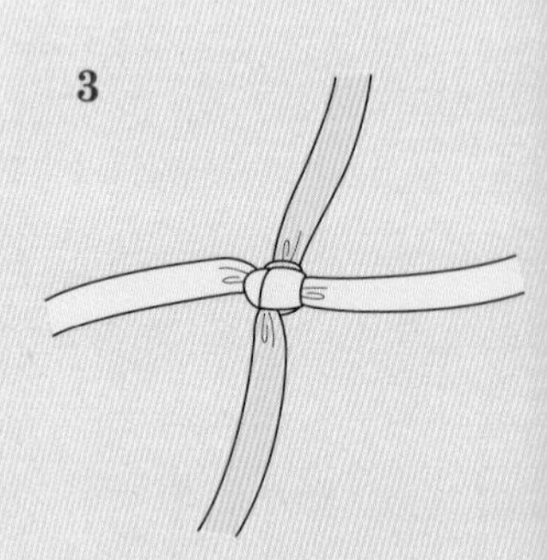

94 皺褶結粒繡

使用50cm的緞帶。用1股同色的25號繡線，從緞帶的一頭開始做細針目縫，將緞帶縮短成15公分。結起的方法同結粒繡。

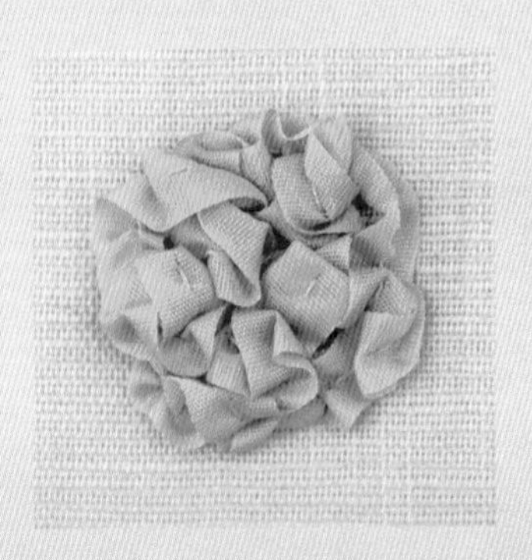

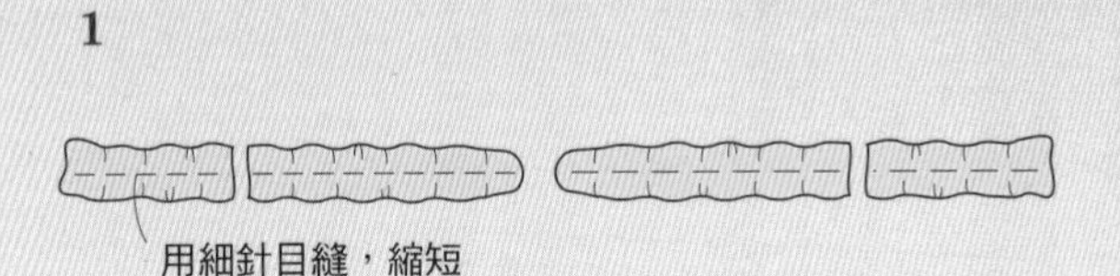

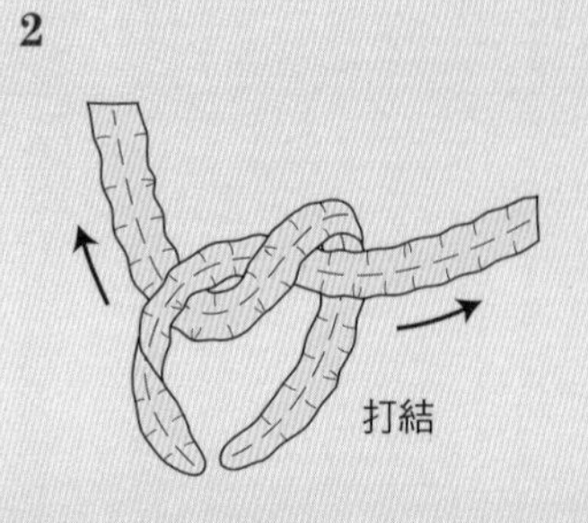

95 直線玫瑰繡

運針的方法和繡線、串珠一樣。由於緞帶有角度，所以有時（2、4、6）針要穿進緞帶裡。外側或最後固定的時候，不要穿進緞帶裡比較好繡，直接繡在布上。有一些緞帶可以和繡線一樣，直接繡在布上。先繡出中心的三角形，然後在周圍繡6~7針。針的穿法是從外側往內側，不同的位置將會改變玫瑰的形狀。
中心繡法式結粒繡。

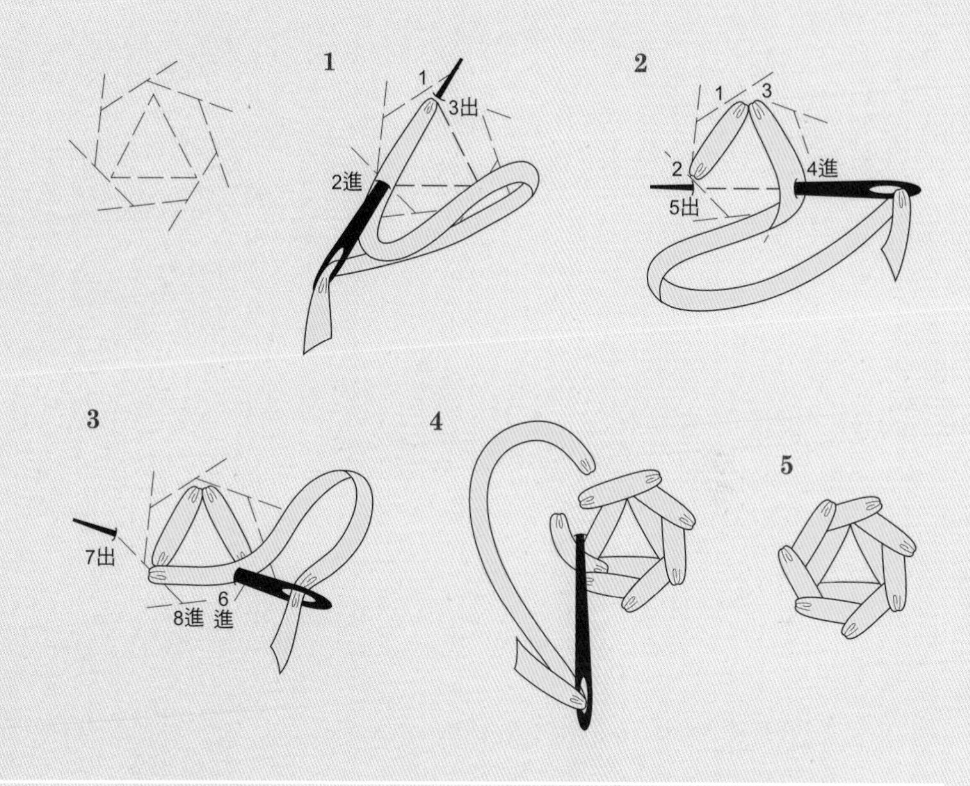

96 蛛網玫瑰繡

先用繡線繡直線繡（一定是奇數）。將針從中心穿出來，交互地從線的上方、下方、上方穿過，緞帶不要拉太緊，一直繡到看不到繡線為止。使用尖端為圓形的針。

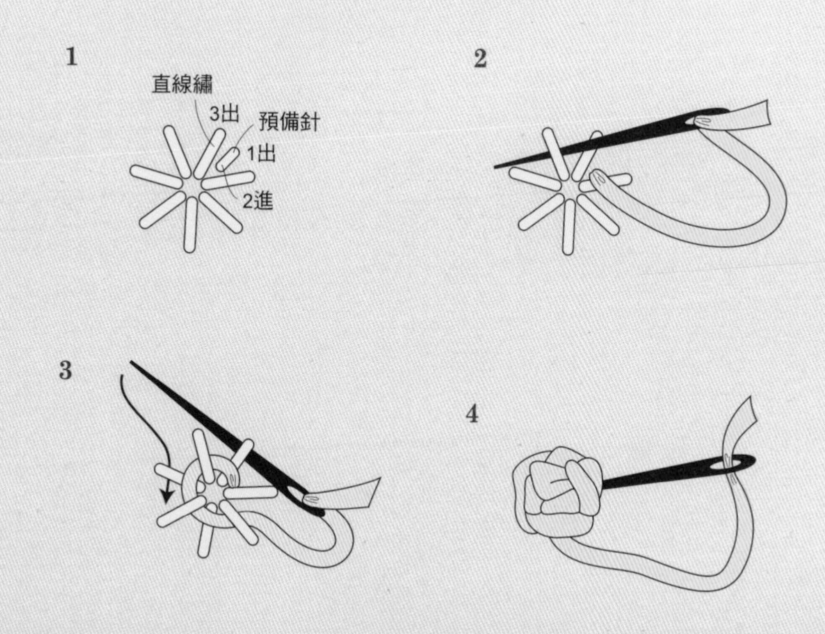

97 網狀玫瑰繡

先用繡線繡直線繡（一定是偶數）。先繡一針預備針，以免直線繡鬆掉。（做一個結頭再開始刺繡）把針從中心處穿出來，用回針繡的要領挑線。

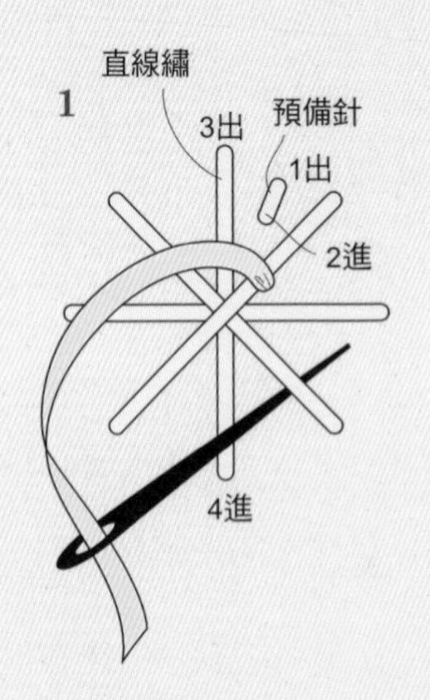

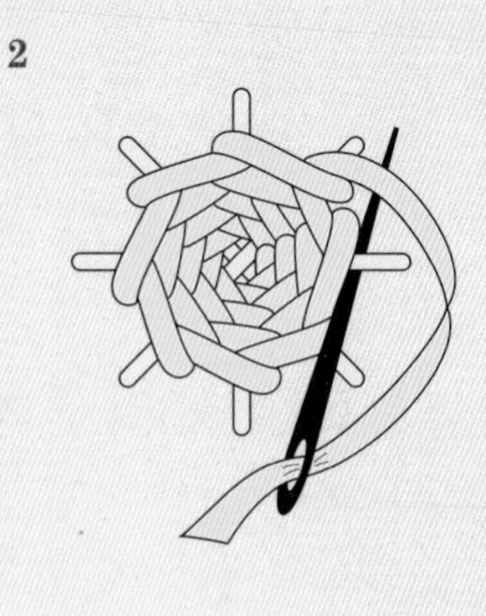

98 Yukiko葉子繡（Y葉子繡）

用繡線先繡出輪廓繡。將線回穿到1／3處。如圖所示，將緞帶穿進重疊處，或是繡線末端。

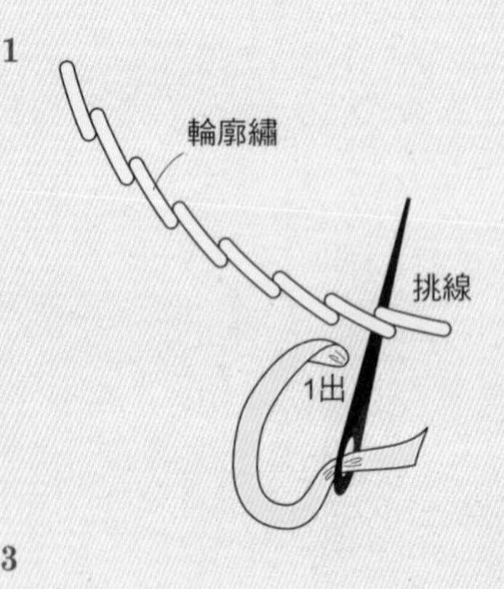

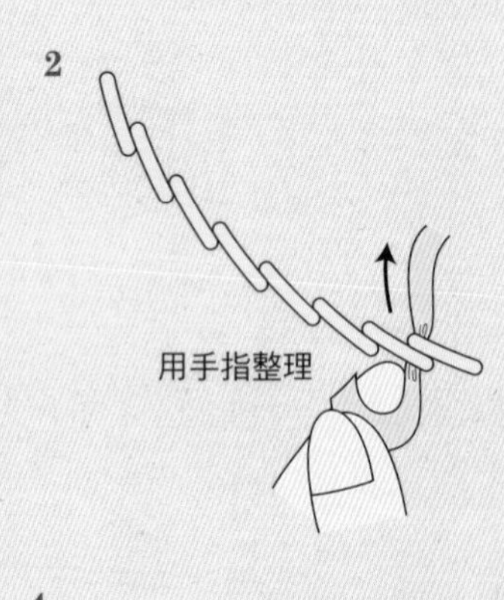

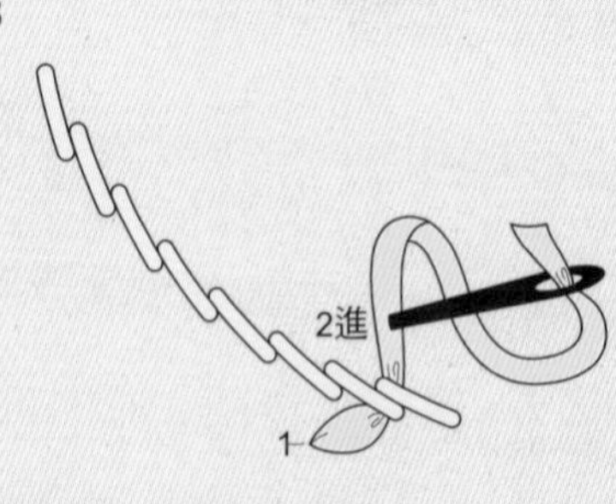

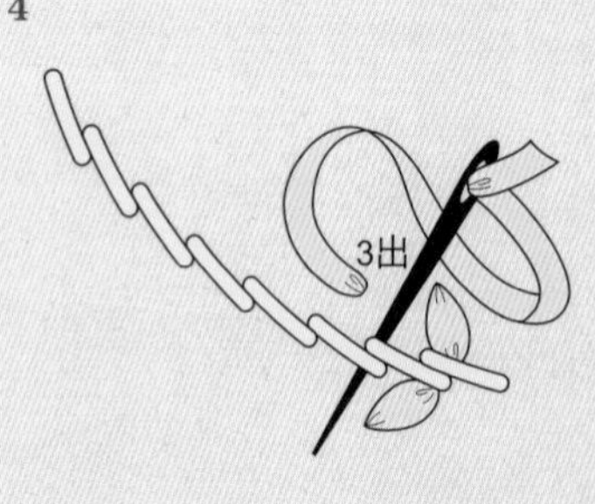

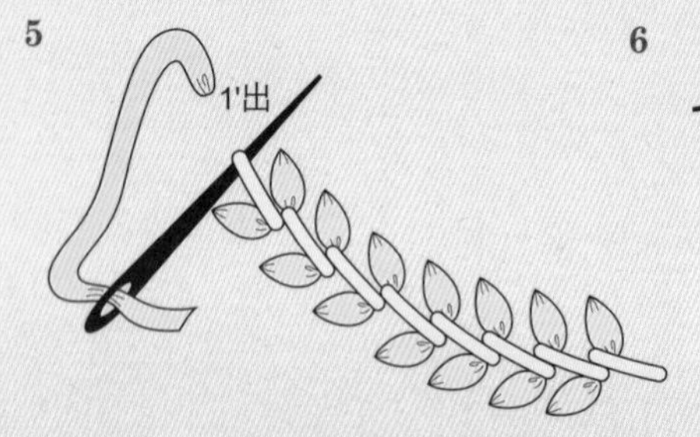

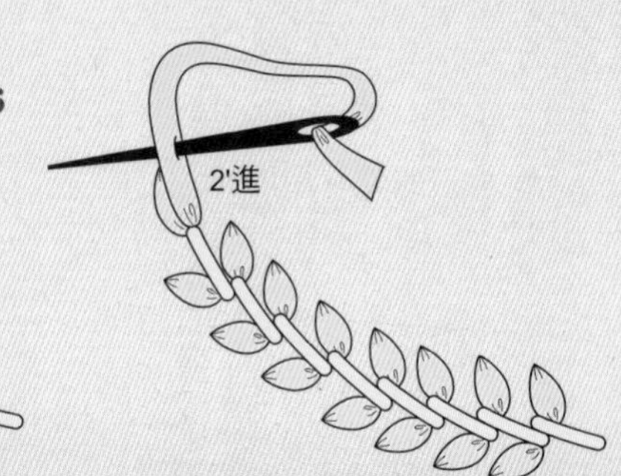

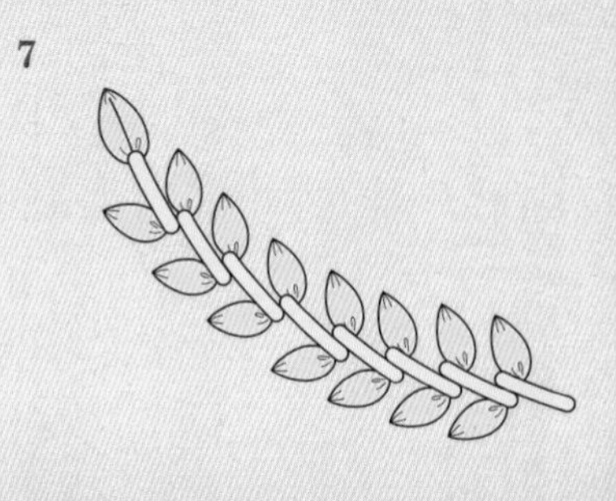

99 Yukiko玫瑰繡A（Y玫瑰繡A）

將緞帶縫拉到同一條緞帶的正面中心處，
再將緞帶拉緊，呈現緞帶穿進緞帶裡面的
狀態。整理形狀，將針穿進緊鄰的地方。
縫的長度將會影響作品的大小。

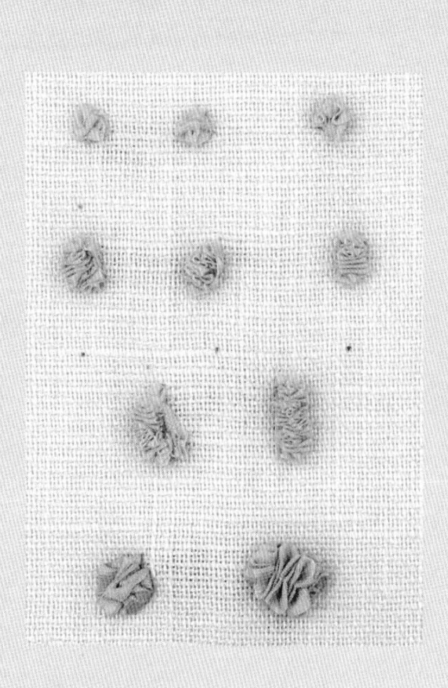

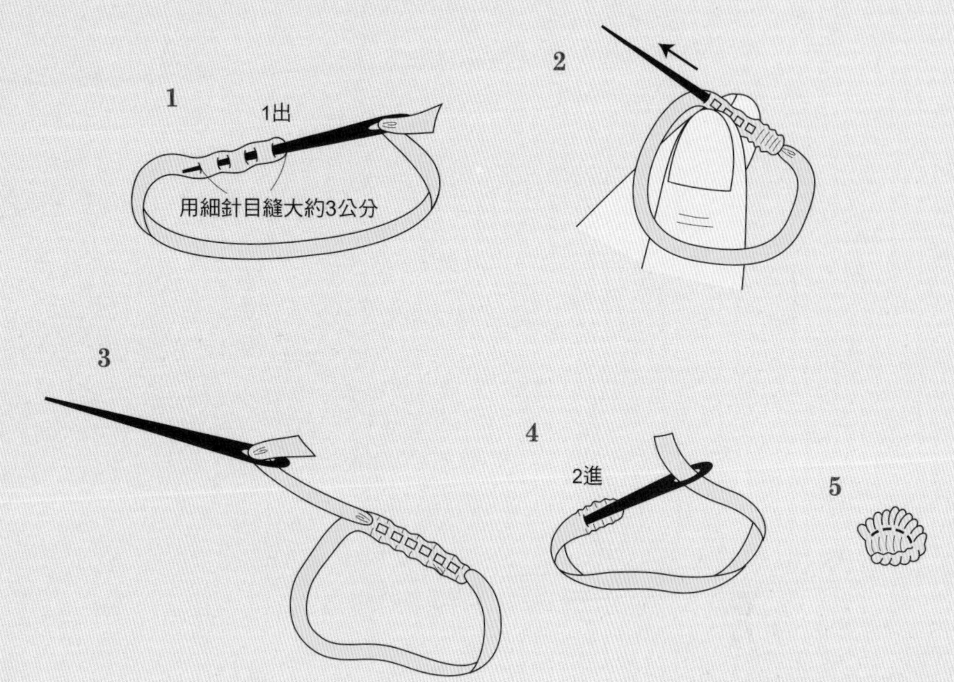

100 Yukiko玫瑰繡B（Y玫瑰繡B）

將緞帶縫拉到同一條緞帶的正面
中心處，再將緞帶拉緊，呈現緞
帶穿進緞帶裡面的狀態。整理形
狀，將針穿進中心。縫的長度將
會影響花的大小。
有時可以在中心繡法式結粒繡。

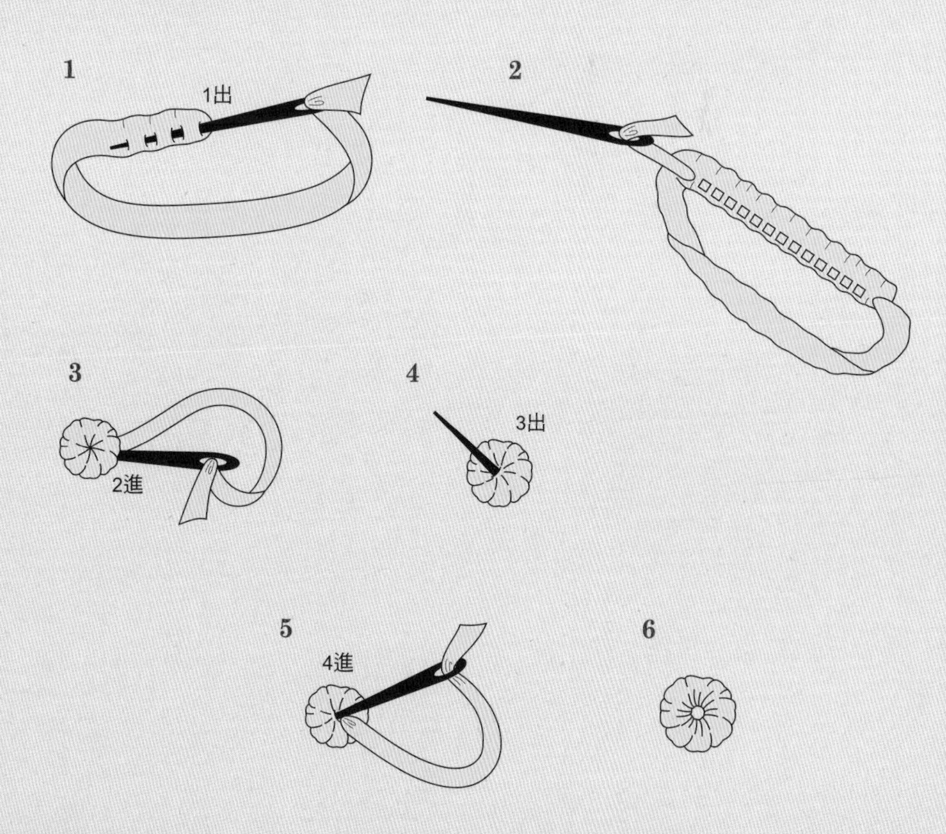

封面的實物大圖案

※未指定的時候，都是用繡線刺繡

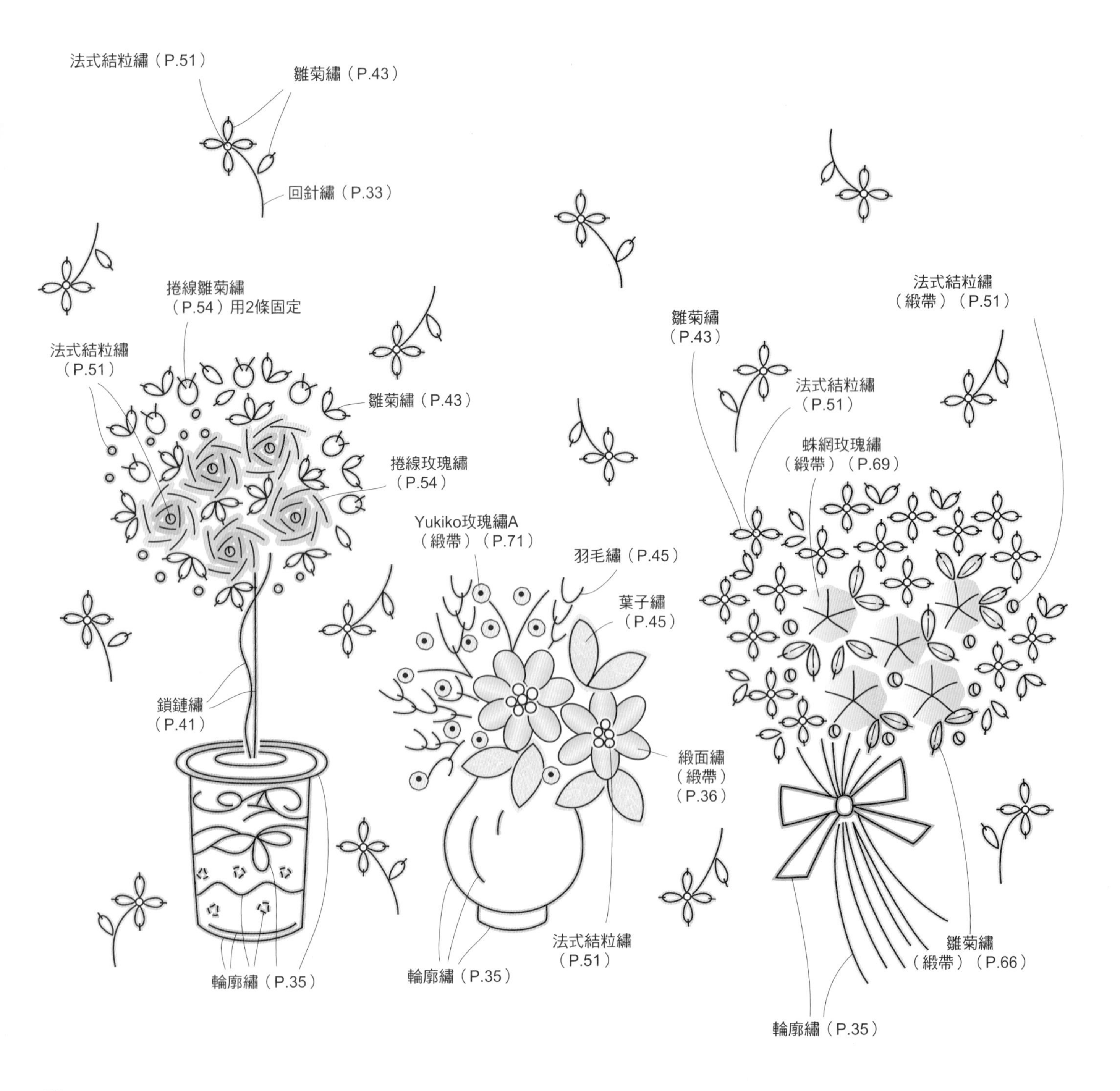